LETRAMENTO MATEMÁTICO de Bolso

Reflexões para a prática em sala de aula

Luiz Roberto Dante

1ª Edição | 2021

© Arco 43 Editora LTDA. 2021
Todos os direitos reservados
Texto © Luiz Roberto Dante

Presidente: Aurea Regina Costa
Diretor Geral: Vicente Tortamano Avanso
Diretor Administrativo
Financeiro: Dilson Zanatta
Diretor Comercial: Bernardo Musumeci
Diretor Editorial: Felipe Poletti
Gerente de Marketing
e Inteligência de Mercado: Helena Poças Leitão
Gerente de PCP
e Logística: Nemezio Genova Filho
Supervisor de CPE: Roseli Said
Coordenadora de Marketing: Livia Garcia
Analista de Marketing: Miki Tanaka

Realização

Direção Editorial: Helena Poças Leitão
Texto: Luiz Roberto Dante
Revisão: Texto Escrito
Direção de Arte: Miki Tanaka
Projeto Gráfico e Diagramação: Miki Tanaka
Coordenação Editorial: Livia Garcia

```
Dados Internacionais de Catalogação na Publicação (CIP)
         (Câmara Brasileira do Livro, SP, Brasil)

    Dante, Luiz Roberto
       Letramento matemático de bolso : reflexões
    para a prática em sala de aula / Luiz Roberto
    Dante. -- 1. ed. -- São Paulo : Arco 43 Editora,
    2021. -- (De bolso)

       Bibliografia
       ISBN 978-65-86987-01-0

       1. Letramento (Educação infantil) 2. Matemática
    - Estudo e ensino I. Título II. Série.

21-79814                                      CDD-372.21
```

Índices para catálogo sistemático:

1. Matemática : Educação infantil   372.21

Aline Graziele Benitez - Bibliotecária - CRB-1/3129

1ª edição / 3ª impressão, 2022
Impressão: Gráfica Meltingcolor

Rua Conselheiro Nébias, 887 - Sobreloja
São Paulo, SP — CEP: 01203-001
Fone: +55 11 3226 -0211
www.editoradobrasil.com.br

LETRAMENTO MATEMÁTICO de Bolso

Reflexões para a prática em sala de aula

Luiz Roberto Dante

Luiz Roberto Dante

Licenciado em Matemática pela Unesp de Rio Claro; mestre em Matemática pela USP de São Carlos; doutor em Psicologia da Educação pela PUC de São Paulo; livre docente em Educação Matemática pela Unesp de Rio Claro; palestrante em congressos em treze países. Ex-presidente da Sociedade Brasileira de Educação Matemática; ex-secretário executivo do Comitê Interamericano de Educação Matemática; um dos redatores dos Parâmetros Curriculares Nacionais (PCN) de Matemática para o MEC. Autor de livros didáticos e paradidáticos de Matemática desde a educação infantil até o ensino médio.

Para Prof. Dr. Ubiratan D'Ambrósio,
educador matemático que abriu as portas do mundo da Educação Matemática para mim (*In memorian*).

"Atingir a paz total é nossa missão como educadores, em particular como educadores matemáticos."
(D'Ambrósio)

Sumário

Introdução 13

1 ALFABETIZAÇÃO E LETRAMENTO EM LÍNGUA PORTUGUESA 15

2 ALFABETIZAÇÃO E LETRAMENTO EM MATEMÁTICA 19

3 COMPETÊNCIA, HABILIDADE E CAPACIDADE 23

4 LETRAMENTO E NUMERAMENTO 31

5 VERBOS DO LETRAMENTO MATEMÁTICO 35

    5.1 Letramento em Matemática: competência e habilidade de raciocinar 36
    5.2 Letramento em Matemática: competência e habilidade de representar 47
    5.3 Letramento em Matemática: competência e habilidade de comunicar 58
    5.4 Letramento em Matemática: competência e habilidade de argumentar
        matematicamente 70
    5.5 Letramento em Matemática: competência e habilidade de fazer conjecturas ... 76
    5.6 Letramento em Matemática: competência e habilidade de elaborar e resolver
        problemas 79
    5.7 Letramento em Matemática: competência e habilidade de reconhecer o
        caráter do jogo intelectual da Matemática 82
    5.8 Letramento em Matemática: competência e habilidade de investigar 85
    5.9 Letramento em Matemática: competência e habilidade para compreender o
        papel da Matemática no mundo moderno 89

6 LETRAMENTO EM NÚMEROS, ÁLGEBRA, GEOMETRIA, GRANDEZAS E MEDIDAS EM PROBABILIDADE E ESTATÍSTICA 91

    6.1 Letramento em números 91
    6.2 Letramento em álgebra 93
    6.3 Letramento em geometria 94
    6.4 Letramento em grandezas e medidas 96
    6.5 Letramento em probabilidade e estatística 97

7 O PAPEL DE PROFESSORAS E PROFESSORES NO AMBIENTE DE LETRAMENTO EM MATEMÁTICA 101

REFLEXÕES FINAIS 113

REFERÊNCIAS 115

INTRODUÇÃO

Quando se fala em letramento, logo vem à mente a disciplina Língua Portuguesa. Afinal, ao desmembrar essa palavra podemos encontrar a palavra **letra**. Letramento, portanto, refere-se ao domínio das letras. Mas, como sabemos, há também o **letramento em Matemática** ou **letramento matemático**, que desenvolveremos no presente texto. Antes, porém, vejamos algumas semelhanças curiosas que existem entre a leitura e a escrita em Língua Portuguesa e em Matemática. Observemos os quadros abaixo

Quadro 1 – Lá e cá: alfabeto, símbolos ou algarismos
Lá e cá
O alfabeto da Língua Portuguesa possui 26 letras e, com elas, podemos escrever qualquer palavra e qualquer frase que quisermos. Da mesma forma, em Matemática temos 10 símbolos ou algarismos (0, 1, 2, 3, 4, 5, 6, 7, 8, 9) e, com eles, podemos escrever qualquer número.
Fonte: elaborado pelo autor, 2021.

Quadro 2 – Lá e cá: letras e números
Lá e cá
Na Língua Portuguesa, as letras se juntam de modos diferentes para formar palavras diferentes. Por exemplo, BOLO e LOBO. Em Matemática, acontece o mesmo com os algarismos, por exemplo, 234 e 342.
Fonte: elaborado pelo autor, 2021.

Quadro 3 – Lá e cá: da esquerda para a direita

Lá e cá

Em Língua Portuguesa, a escrita e a leitura são da esquerda para a direita: CA – VA – LO. Em Matemática, o mesmo acontece (os números são lidos e escritos da esquerda para a direita. Por exemplo: 1467 - um mil, quatrocentos e sessenta e sete).

Fonte: elaborado pelo autor, 2021.

Quadro 4 – Lá e cá: gênero e linguagem

Lá e cá

Na Língua Portuguesa, temos diversos gêneros (poema, bilhete, receita, cantiga popular, trava-língua, parlenda etc.). Já na Matemática, temos a linguagem numérica, a algébrica, a geométrica, a gráfica, a computacional etc.

Fonte: elaborado pelo autor, 2021.

1 ALFABETIZAÇÃO E LETRAMENTO EM LÍNGUA PORTUGUESA

O que pode, a princípio, parecer ser a mesma coisa, não é. Mesmo antes de discorrermos mais detalhadamente sobre o que vem a ser letramento (tradução da palavra inglesa *literacy*), fazer essa diferenciação, desde já, entre os dois conceitos, pode facilitar o entendimento mais à frente.

Vamos inicialmente considerar essa diferenciação em Língua Portuguesa: tanto alfabetização como letramento são termos empregados quando se pretende explicar o processo de aquisição da escrita e da leitura com os signos de nosso alfabeto. Esse processo envolve desde o conhecimento das letras até a leitura e a produção de textos.

De acordo com Soares, pesquisadora especialista em alfabetização e letramento, os dois conceitos são coisas diferentes em Língua Portuguesa, mas interdependentes. **Alfabetização** pode ser reconhecida ou:

> [...] entendida como a aquisição do sistema convencional de escrita – distingue-se de **letramento** – entendido como o desenvolvimento de comportamentos e habilidades de uso competente da leitura e da escrita em práticas sociais[1] (SOARES, 2018, p. 97, grifo nosso).

A pesquisadora traz questionamentos muito pertinentes a respeito das possíveis semelhanças e diferenças existentes entre alfabetizar e letrar uma pessoa. Para ela, talvez não houvesse a necessidade da criação da palavra *letramento* se ressignificássemos o conceito de alfabetização, trazendo-o para além do domínio do sistema alfabético e ortográfico.

A pessoa alfabetizada sabe ler e escrever, mas não está habituada a usar essas habilidades no seu cotidiano. Já a pessoa letrada, possui o domínio da leitura e da escrita nas mais diversas situações e práticas sociais[1].

---

1 Práticas sociais são quase todas as atividades que envolvem nosso cotidiano, como ir ao supermercado, dar e receber troco, declarar o Imposto de Renda, enviar ou ler uma correspondência, ler e interpretar algum manual, calcular o número de tijolos para construir um muro, calcular os juros embutidos em uma determinada prestação, escrever um poema, fazer bolo usando receita, marcar as horas para tomar uma medicação, interpretar o enredo de uma novela de televisão ou de um filme, ler e saber interpretar textos em jornais e revistas, dentre muitas outras coisas.

A pesquisadora avança em suas investigações, trazendo questionamentos a respeito da necessidade, da funcionalidade e da adequação de atividades isoladas, cujo único objetivo é o domínio do sistema alfabético e ortográfico. Para ela:

> [...] alfabetização só tem sentido quando desenvolvida no contexto de práticas sociais de leitura e de escrita e por meio dessas práticas, ou seja, em um contexto de letramento e por meio de atividades de letramento; este, por sua vez, só pode desenvolver-se na dependência da e por meio da aprendizagem do sistema de escrita (SOARES, 2004, p. 97).

2 ALFABETIZAÇÃO E LETRAMENTO EM MATEMÁTICA

Por muito tempo, a alfabetização matemática era somente conhecer a grafia dos números, dominar algumas técnicas, decorar tabuadas, fazer a contagem decorada como se fosse uma cantiga, associar quantidades a conjuntos de objetos e símbolos. Envolvia também a mecanização da maneira de fazer algumas "continhas" e memorizar propriedades, como "a ordem das parcelas não altera a soma". Tudo muito semelhante ao que Magda Soares definiu como o sentido estrito da alfabetização em Língua Portuguesa.

D'Ambrósio traz importantes reflexões acerca dessa postura por ele considerada como uma "mera" alfabetização:

> Poucos discordam do fato que a alfabetização e contagem são insuficientes para o cidadão de uma sociedade moderna. Necessárias até certo ponto, mas insuficientes se não forem acompanhadas pelos instrumentos analíticos e tecnológicos, que dão significado ao que é feito por indivíduos que dispõem dos instrumentos comunicativos. Em outros termos, lidar com números, como aparecem nos preços e medidas, nos horários e calendários e, mesmo, ser capaz de efetuar algumas operações elementares, é insuficiente para o

> cidadão. É enganador crer que a mera alfabetização conduza ao pleno exercício da cidadania (D'AMBROSIO, 2004, p. 36).

O ideal seria mergulhar a criança em práticas sociais nas quais os números estão presentes, como jogos, cantigas populares, ações de compra e venda, vários contextos em que a contagem é necessária, resolução de problemas do cotidiano, tomadas de decisões diante de situações de pagamento à vista ou a prazo, leitura e interpretação de um boleto de uma conta de água e o uso adequado do celular. Enfim, é usar os números em vários contextos e ambientes socioculturais. Dessa forma, tanto em Língua Portuguesa como em Matemática, esses dois conceitos, alfabetização e letramento, são indissociáveis, pois é impossível chegar ao segundo sem passar pelo primeiro.

Usaremos a Base Nacional Comum Curricular (BNCC) para que possamos compreender melhor o conceito de letramento matemático e os elementos que o compõem, pensando, inclusive, no desenvolvimento das inúmeras habilidades objetivadas para o estudo da Matemática nos diferentes segmentos de ensino. E, compreendendo que estudantes são cidadãs e cidadãos do mundo, não poderíamos deixar de apresentar os conceitos elucidados pelo *Programme for International Student Assessment* (Pisa), da Organização para a Cooperação e Desenvolvimento Econômico (OCDE), traduzido para o português como Programa Internacional de Avaliação de Estudantes.

É importante salientar que, tanto os documentos legais brasileiros, quanto os programas internacionais de avaliação, como o Pisa, têm, em suas bases de constituição, uma gama de investigações a respeito do desenvolvimento e das aprendizagens nas diferentes etapas da vida escolar. A BNCC traz uma inovação importante, que é "a meta de fazer com que a escola atue pelo letramento matemático como uma competência a ser desenvolvida nos alunos" (SMOLE, 2020).

O letramento matemático é definido na BNCC como:

> [...] as competências e habilidades de raciocinar, representar, comunicar e argumentar matematicamente, de modo a favorecer o estabelecimento de conjecturas, a formulação e a resolução de problemas em uma variedade de contextos, utilizando conceitos, procedimentos, fatos e ferramentas matemáticas (BNCC, 2018, p. 266).

Já no Pisa, o letramento matemático é definido como:

> [...] a capacidade de formular, empregar e interpretar a matemática em uma série de contextos, o que inclui raciocinar matematicamente e utilizar conceitos, procedimentos, fatos e ferramentas matemáticas para descrever, explicar e prever fenômenos. Isso ajuda os indivíduos a reconhecer o papel que a Matemática desempenha no mundo e faz com que cidadãos construtivos, engajados e reflexivos possam fazer julgamentos bem fundamentados e tomar as decisões necessárias (OECD, 2019).

De que forma cada um de nós, professoras e professores que ensinamos Matemática, podemos contribuir para que estudantes sejam letradas e letrados matematicamente? Com base nesse questionamento, buscamos, nas páginas seguintes, percorrer um trajeto que nos permita estabelecer relações entre os objetivos apresentados para o desenvolvimento do letramento matemático, tanto na BNCC quanto no Pisa, e as ações cotidianas desenvolvidas na sala de aula, ou seja, temos um grande desejo de aproximar teoria e prática, ou melhor, tentar observar e compreender a teoria da prática e a prática da teoria. Nas definições que acabamos de apresentar, há presença de inúmeras palavras que podem ser interpretadas de diferentes formas, dependendo do contexto e das experiências de quem lê.

3 COMPETÊNCIA, HABILIDADE E CAPACIDADE

O que é competência? O que é habilidade? O que é capacidade? Além dessas palavras, temos inúmeros verbos que estão diretamente relacionados ao ensino e à aprendizagem da Matemática, mas que também podem aparecer e serem utilizados em outras áreas do conhecimento e em outros contextos, como, por exemplo, a palavra *formular*. Portanto, julgamos pertinente resgatar os significados das definições, para que possamos nos aproximar mais das intencionalidades das autoras e dos autores que as utilizam.

Informalmente, podemos afirmar que **competência** é um conjunto de conhecimentos que podem ser desenvolvidos e adquiridos por meio de informações e experiências que possibilitam a atuação efetiva em um trabalho ou em uma determinada situação do cotidiano. Por exemplo, "Mário é um motorista competente.", "Dra. Paula é uma médica competente.", "Dona Albertina é uma professora competente." etc.

Já **habilidade** é a qualidade ou aptidão que a pessoa que estuda ou já é profissional tem para realizar alguma atividade. É a característica que pode ajudar essa pessoa a desenvolver ou a aplicar suas competências. Por exemplo, "Fernanda tem muita habilidade para fazer cálculos mentalmente.", "Dr. Reinaldo tem muita habilidade para tratar o canal dos dentes dos seus clientes." etc.

Vejamos um exemplo na Matemática. Um ou uma estudante pretende resolver a seguinte questão de potenciação: "Qual é a terça parte de 27^{12}?". Vamos supor que esse ou essa estudante conheça todas as propriedades de potenciação (são as competências), mas, para descobrir que a terça parte desse número é 3^{35}, vai depender das suas habilidades de cálculo.

Vamos agora, mais tecnicamente, ver o que significam esses termos na BNCC. **Competência**, na BNCC, é definida como:

> [...] a mobilização de conhecimentos (conceitos e procedimentos), habilidades (práticas, cognitivas e socioemocionais), atitudes e valores para resolver demandas complexas da vida cotidiana, do pleno exercício da cidadania e do mundo do trabalho (BNCC, 2018, p. 8).

Já as **habilidades**:

> [...] expressam as aprendizagens essenciais que devem ser asseguradas aos alunos nos diferentes contextos escolares. Para tanto, elas são descritas de acordo com uma determinada estrutura que contempla:
>
> ▸ **Verbo(s)** que explicita(m) o(s) **processo(s) cognitivo(s)** envolvido(s) na habilidade.

> ▸ **Complemento** do(s) verbo(s), que explicita o(s) **objeto(s) de conhecimento** mobilizado(s) na habilidade.
> ▸ **Modificadores** do(s) verbo(s) ou do complemento do(s) verbo(s), que explicitam o **contexto** e/ou uma maior **especificação** da aprendizagem esperada (BNCC, 2018, p. 29).

As habilidades encontradas na BNCC podem ser classificadas em três grupos, conforme o quadro abaixo:

Quadro 5 - Habilidades

Identificação

A categoria de habilidades mais simples previstas pela BNCC se relacionam ao reconhecimento e à reprodução de fatos, textos, imagens ou tabelas observadas.

Verbos associados a esse grupo: observar, reconhecer, indicar, representar, apontar, identificar e localizar.

Transformação

Ao observar e compreender os fatos, o(a) estudante passa a fazer operações mentais que envolvem a transformação dos dados interpretados.

Verbos associados a esse grupo: ordenar, medir, calcular por estimativa, compor e decompor, classificar, seriar e conservar.

Continuação

Quadro 5 - Habilidades

Compreensão

São ações mais complexas, porque envolvem o raciocínio para resolver problemas, compreender cenários complexos, formular preposições e diagnósticos, além de apresentar conclusões.

Verbos associados a esse grupo: avaliar, analisar, julgar, criticar, explicar causas e efeitos, argumentar, justificar, apresentar conclusões e fazer prognósticos.

Fonte: Fundação Telefonica Vivo, s/d.

Com base nessas duas definições, podemos perceber as inter-relações existentes entre competências e habilidades. Na verdade, observamos a presença da mobilização e do desenvolvimento de habilidades na definição de competência, mas é possível perceber a amplitude dada à competência, considerando que ela prevê o domínio, não apenas de habilidades, mas de conhecimentos, atitudes e valores.

A palavra **capacidade** aparece no texto da BNCC, muitas vezes, como sinônimo das palavras **competência** e **habilidade**. Já nos textos oficiais do Pisa, a palavra **capacidade** aparece de forma mais autônoma, ou seja, tem sua própria definição e difere-se do significado de competência. Apesar de não localizarmos a definição exata para a palavra **competência** em tais documentos, é perceptível que tem o sentido de "ser capaz de".

Neitzel e Schwengber (2019), em suas investigações, propõem reflexões acerca da instrumentalização do e da estudante com competências e habilidades e o desenvolvimento de capacidades, pois, segundo os autores, é necessário fazer com que ele e ela se tornem capazes, ou seja, que suas competências e habilidades sejam vertidas em capacidade. Continuando suas reflexões e investigações, os autores salientam que:

> [...] os conceitos de competência e habilidade se distinguem, ao que tudo indica, no âmbito acadêmico, do conceito de capacidade, que assume o sentido de um preparo amplo para enfrentar as situações imprevisíveis, em uma perspectiva aberta e indefinida, em situações que possam se apresentar no percurso da vida (p. 213)

Uma das palavras que pode ser observada em ambas as definições é "**contexto**". Mas o que isso significa? De acordo com o Pisa (2021), "o contexto é o aspecto do mundo de um indivíduo no qual os problemas são colocados". Referindo-se ao letramento matemático, elucida, ainda, que "a escolha de estratégias e representações matemáticas apropriadas depende frequentemente do contexto em que surge um problema". Na figura 1, podemos visualizar os contextos apresentados no Pisa.

Figura 1 - Estrutura interativa do Quadro Conceitual de Matemática

Fonte: Pisa, 2021[2].

Para que possamos compreender um pouco melhor, resgatamos algumas definições de contextos, conforme explicados a seguir.

- **Individual** – Os problemas classificados na categoria de contexto individual concentram-se nas atividades do indivíduo, da sua família ou de seus pares.

---

2 Disponível em: <https://pisa2021-maths.oecd.org/pt/index.html>.
Acesso em: 30 abr. 2021.

- **Ocupacional** – Os problemas classificados na categoria de contexto ocupacional estão centrados no mundo do trabalho.

- **Social** – Os problemas classificados na categoria de contexto social concentram-se na comunidade em que o indivíduo se insere.

- **Científico** – Os problemas classificados na categoria científica dizem respeito à aplicação da Matemática no mundo natural e às áreas de Ciência e Tecnologia.

Quando pensamos em letramento matemático e nos remetemos aos processos de aquisição de códigos como parte integrante desse processo, devemos ter em mente, não apenas as etapas e os processos que envolvem a língua materna, como as etapas e os processos específicos para a linguagem matemática. Para Smole (2003):

> [...] parece-nos que a tarefa dos professores deve desdobrar-se em duas direções. De um lado, na direção do trabalho sobre os **processos de escrita e representação, sobre a elaboração dos símbolos, sobre o esclarecimento quanto às regras que tornam certas formas de escrita legítimas e outras incorretas, certos enunciados ambíguos e outros inúteis. De outro, em direção ao trabalho sobre o raciocínio** (pp. 66-67, grifo nosso).

Mas, os processos de escrita e representação e, ainda, a elaboração dos símbolos e regras de escritas matemáticas, são uma exclusividade dos anos iniciais ou elas são construídas no decorrer de toda a escolaridade de nossos estudantes? Muitas de nossas considerações têm como principal objetivo reafirmar a responsabilidade que todos nós, professoras e professores que ensinam Matemática, temos em relação ao letramento matemático que, como vimos, inicia-se na educação infantil e percorre todo ensino básico.

4 LETRAMENTO E NUMERAMENTO

Ainda falando em inter-relações e enredamentos, muitos educadores nos perguntam sobre as possíveis semelhanças e diferenças existentes entre letramento e numeramento. **Afinal, o que é numeramento?**

Como pudemos acompanhar no decorrer de nossas reflexões, inúmeros termos foram e são utilizados por diferentes autores para se referir aos conhecimentos e aprendizagens, tanto em Língua Portuguesa, quanto em Matemática (por exemplo, alfabetização e letramento, letramento matemático, numeracia e numeramento). Discorremos um pouco a respeito das possíveis diferenças existentes entre os termos **alfabetização** e **letramento** e, agora, voltaremos o nosso olhar para possíveis semelhanças e diferenças, ou até mesmo entrelaçamentos, entre os termos **numeramento e letramento**.

É possível encontrar o termo **numeramento** sendo utilizado em analogia ao termo **letramento** e, também, considerado como uma dimensão do letramento, ou seja, não há uma relação unívoca para o termo. Ao utilizar o termo **numeramento** em analogia ao **letramento**, poderíamos pensar na relação dos conhecimentos com as práticas sociais, como podemos ver nos apontamentos de Kleiman (1995) *apud* (2016, p. 4): "letramento é o impacto social da escrita, assim como o numeramento é o impacto social nas questões numéricas".

Nesse caso, se o letramento é utilizado para caracterizar leitura e escrita como práticas sociais, o numeramento aponta na mesma direção, ou seja, pensar na capacidade do indivíduo formular, empregar e interpretar a Matemática em diferentes contextos e campos da vida social. Para Fonseca (2004):

> [...] o numeramento é visto como um amplo conjunto de habilidades, estratégias, crenças e disposições que o sujeito necessita para manejar efetivamente e engajar-se autonomamente em situações que envolvam números e dados quantitativos ou quantificáveis, ou ainda, informações baseadas em dados quantitativos (p. 103).

Por outro lado, ao considerar o numeramento como uma dimensão do letramento, podemos criar associações baseadas nas possíveis condições para que o indivíduo seja considerado letrado. Nesse caso, não teríamos apenas conhecimentos relacionados à Língua Portuguesa, mas, também, aqueles relacionados à Matemática.

Considerado em analogia ao termo letramento ou como uma dimensão do letramento, o numeramento se torna fundamental para o desenvolvimento integral do(a) estudante. Para concluir, vejamos o que diz Fonseca (2009, p. 47):

> [...] muitas vezes vemos o termo Numeramento ser utilizado em analogia ao termo Letramento, transferindo as considerações sobre a apropriação da cultura escrita para a discussão sobre o acesso ao conhecimento matemático. Esse paralelismo tem sido relevante na busca de se destacar tanto a preocupação com o ensino da Matemática formal

> (a Alfabetização Matemática) quanto os esforços para compreender e fomentar os modos culturais de se "matematicar" (Letramento Matemático ou Numeramento) em diversos campos da vida social (até mesmo na escola).
>
> Mas também podemos considerar o Numeramento como uma dimensão do Letramento. Ou seja, como o Letramento envolve as condições para que o sujeito atenda às demandas de uma sociedade Grafocêntrica[3], para ser letrado, ele precisará mobilizar conhecimentos diversos relevantes na vida social, entre os quais se destacam conhecimentos matemáticos.

Essa concepção aponta, assim, para a Educação Matemática como parte dos esforços para se ampliarem as possibilidades de leitura crítica do mundo.

Fonseca (2009) nos apresenta um interessante quadro que pode sintetizar o texto acima.

---

[3] Sociedade grafocêntrica é a sociedade alicerçada na escrita, ou seja, comunica-se basicamente por meio da escrita. Numa sociedade grafocêntrica, mesmo antes de entrar em um processo de alfabetização, a criança já toma contato com grande diversidade de textos que circulam nas práticas sociais (rótulos, desenhos, imagens com símbolos na TV) e entendem o seu significado. Isso interfere no modo como as pessoas organizam sua vida e suas relações com os outros e com o mundo.

Imagem 1 – Letramento e numeramento

- **Alfabetização** na perspectiva do Letramento
- **Alfabetização Matemática** na perspectiva do Numeramento

Alfabetização e Letramento

Alfabetização: quando se quer focalizar processo de apropriação do sistema de escrita alfabético.

Letramento: quando se quer caracterizar a leitura e a escrita como práticas sociais, que se constituem nos processos de apropriação não só de um código, mas de uma cultura escrita.

Alfabetização Matemática e Numeramento

Alfabetização Matemática: quando se quer focalizar processo de apropriação do sistema da escrita numérica.

Numeramento: quando se quer caracterizar a atividade matemática como prática social, que se constituem nos processos de apropriação não só de um código, mas de uma cultura matemática.

Fonte: FONSECA, s/d.

5 VERBOS DO LETRAMENTO MATEMÁTICO

Para aprofundar ainda mais os nossos conhecimentos a respeito do letramento matemático, convidamos leitoras e leitores a mergulhar em cada um dos verbos apresentados nas definições de letramento matemático, trazidas pela BNCC. Com base no conhecimento desses verbos, talvez possamos construir entendimentos mais claros e, quiçá, sejamos capazes de, não apenas identificá-los em nossas ações, como torná-los presentes em nossos planejamentos e ações de forma sistemática, permanente e consistente.

Retomando o conceito, o letramento matemático é definido:

> [...] como as competências e habilidades de raciocinar, representar, comunicar e argumentar matematicamente, de modo a favorecer o estabelecimento de conjecturas, a formulação e a resolução de problemas em uma variedade de contextos, utilizando conceitos, procedimentos, fatos e ferramentas matemáticas (BNCC, 2018, p. 266, grifo nosso).

Quando lemos cada um dos verbos apresentados anteriormente (raciocinar, representar etc.), parece-nos possível agrupá-los em diferentes formas. Porém, é um tanto inadequado observá-los de maneira isolada, haja vista que, assim como ocorre nas definições de alfabetização e letramento, parecem indissociáveis e interdependentes. Faremos, contudo, um esforço para trazer profundidade a cada uma das competências, habilidades ou capacidades representadas nos verbos, a fim de que, ao final, possamos, juntos, traçar algumas inter-relações.

5.1 Letramento em Matemática: competência e habilidade de raciocinar

O Pisa 2021 descreve, ao referir-se ao verbo **raciocinar**, como:

> A capacidade de raciocinar logicamente e apresentar argumentos de modo honesto e convincente é uma capacidade que se está a tornar cada vez mais importante no mundo de hoje. A matemática é uma ciência que estuda objetos e noções bem definidos, que podem ser analisados e transformados de maneiras diferentes usando "raciocínio matemático" para obter conclusões certas e invariáveis no tempo.
>
> Na matemática, os alunos aprendem que, com raciocínios e hipóteses apropriados, podem chegar a resultados que podem confiar plenamente por serem verdadeiros numa ampla variedade de contextos da vida real. (OECD, 2019).

Já na BNCC, dentre as competências específicas de Matemática para o ensino fundamental, aparece:

> Desenvolver o **raciocínio lógico**, o espírito de investigação e a capacidade de produzir argumentos convincentes, recorrendo aos

conhecimentos matemáticos para compreender e atuar no mundo (BNCC, 2018, p. 267, grifo nosso).

Na Geometria, a BNCC coloca:

> [...] saibam aplicar esse conhecimento para realizar demonstrações simples, contribuindo para a formação de um tipo de raciocínio importante para a Matemática, o **raciocínio hipotético-dedutivo** (BNCC, 2018, p. 272, grifo nosso).

Parece-nos que o verbo raciocinar (matematicamente) está intimamente ligado ao verbo argumentar. Essa relação faz sentido para você?

Buscando outras investigações a respeito do assunto, encontramos reportagens, a exemplo da escrita por Beatriz Vichessi, publicada no *site* da revista Nova Escola. Nela, há apontamentos a respeito de pesquisadores, como Constance Kamii, Guy Brousseau, Susana Wolman e outros estudiosos da didática da área, que defendem há tempos que o saber matemático vai muito além do cálculo e está diretamente relacionado à construção do raciocínio e à argumentação. De acordo com Mata-Pereira e Ponte (2013, p. 18), "raciocinar, mais do que reproduzir conceitos memorizados e efetuar procedimentos rotineiros, é formular inferências (não imediatas) a partir da informação disponível."

Para os autores, um dos grandes objetivos do ensino é levar estudantes a desenvolver, ao longo da escolaridade, a capacidade de raciocinar matematicamente, pois tal capacidade permitirá a utilização da Matemática de forma eficaz na resolução de problemas nos variados contextos e situações. Reiteram, ainda, a importância do(a) professor(a) ser conhecedor(a) da **forma como alunas e alunos raciocinam** no âmbito da disciplina, para que possam desenvolver estratégias que permitam que ultrapassem possíveis dificuldades, promovendo, assim, melhor qualidade de aprendizagem.

Diferentes autores identificam o raciocínio matemático como dedução (ALISEDA, 2003; BROUSSEAU e GIBEL, 2005); outros, relacionam ao campo indutivo (LANNIN, ELLIS e ELLIOT, 2011; PÓLYA, 1990); outros, ainda, mencionam e valorizam o caráter abdutivo (RIVERA e BECKER, 2009). Dessa forma, podemos dizer que raciocinar matematicamente seria utilizar a informação que se tem, ou seja, a informação existente, para chegar a novas conclusões por algum desses processos, fazendo inferências de natureza dedutiva, indutiva ou abdutiva.

Quadro 6 – Dedução, indução e abdução

- **Dedução**: raciocínio matemático constitui a realização de inferências lógicas, caracterizadas pela relação necessária entre premissas e conclusões e pela irrefutabilidade das conclusões obtidas (ALISEDA, 2003).
- **Indução**: formulam-se generalizações a partir da identificação de características comuns a diversos casos (LANNIN, ELLIS e ELLIOT, 2011. PÓLYA, 1990).
- **Abdução**: formula-se uma generalização relacionando diversos aspectos de certa situação, se procuram ajustar como diferentes peças de um quebra-cabeça (RIVERA e BECKER, 2009).

Fonte: elaborado pelo autor, 2021.

Não podemos deixar de relembrar que o raciocínio matemático se apoia em representações. Portanto, elas têm papel central na viabilização do raciocínio. No diagrama seguinte, podemos perceber que os raciocínios indutivo e abdutivo aparecem, principalmente nos momentos de formulação de conjecturas; já o raciocínio dedutivo, surge nas etapas que envolvem o teste e a justificativa. A articulação entre processos de significação e processos de raciocínio são essenciais para a compreensão efetiva da Matemática (National Council of Teachers of Mathematics - NCTM, 2009). O quadro seguinte é demonstrativo dessa articulação.

Quadro 7 – Quadro conceitual para estudo do raciocínio matemático

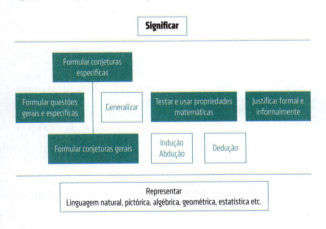

Fonte: adaptado pelo autor de MATA-PEREIRA e PONTE, 2011

Como sabemos, as crianças, desde muito pequenas, não apenas constroem hipóteses ou elaboram conjecturas a respeito do funcionamento das coisas, como percebem, na identificação das regularidades, uma possibilidade para a construção e até para a elaboração de justificativas que "sustentem" suas ideias. De acordo com o Pisa 2021:

> [...] pelo menos seis dimensões chave fornecem estrutura e suporte ao raciocínio matemático. Essas principais dimensões incluem:
>
> ▶ compreender quantidade, sistemas numéricos e suas propriedades algébricas;
> ▶ valorizar o poder da abstração e da representação simbólica;
> ▶ ver estruturas matemáticas e suas regularidades;
> ▶ reconhecer relações funcionais entre quantidades;
> ▶ utilizar modelagem matemática como uma lente para o mundo real (por exemplo, as utilizadas nas ciências físicas, biológicas, sociais, econômicas e comportamentais); e
> ▶ compreender a variação como o cerne da estatística.

A seguir, serão apresentadas algumas atividades. A ideia é criar aproximações entre o verbo que estamos estudando (raciocinar) e algumas possíveis ações cotidianas existentes na sala de aula.

Exemplo 1: os carrinhos

João tem 8 carrinhos a mais que Rafael. Juntos, eles têm 14 carrinhos.

> **1.** Quantos carrinhos tem Rafael?
> **2.** Quantos carrinhos tem João?
> **3.** Como você explica a resolução do problema?

Para a resolução desse problema, serão necessárias algumas investigações. Talvez um(a) estudante que esteja acostumado(a) a "procurar uma operação para resolver um problema" sinta um pouco de estranheza e dificuldade. Trata-se de um problema com mais de uma estrutura e todas inversas. Então, pode-se perguntar: "É um problema de juntar?", "É um problema de comparar?".

Nesse caso, a resposta é afirmativa para os dois questionamentos. No entanto, é um problema inverso de juntar e um problema inverso de comparar. Além disso, o exercício pede que o(a) estudante explique como desenvolveu a estratégia de resolução. Isso significa que ele ou ela precisa ter clareza do raciocínio que está desenvolvendo para poder explicar, ou seja, argumentar em favor da resposta que formulou. Vejamos algumas possibilidades de percurso:

- "João tem 8 carrinhos a mais que Rafael". Comparação entre a quantidade de um e de outro, sem que se saiba quantos cada um tem.

- "Juntos, eles têm 14 carrinhos", problema de juntar, sem que se saiba quantos carrinhos cada um tem.

Vejamos alguns possíveis percursos de resolução.

a) Separamos os 8 carrinhos que João tem a mais: 14 − 8 = 6 e dividimos igualmente o restante (6 ÷ 2 = 3). Depois, juntamos os carrinhos que João trouxe a mais com a metade do restante dos carrinhos: 8 + 3 = 11. Assim, João tinha a mais 1 carrinho e Rafael, 3 carrinhos, conforme ilustrado na figura 2.

Figura 2 – Primeira possibilidade

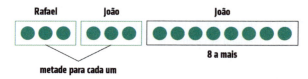

Fonte: elaborado pelo autor, 2021

b) Os carrinhos são igualmente divididos entre os dois: cada um fica com 7 carrinhos. Como João tinha 8 a mais que Rafael, alguns carrinhos são tirados de Rafael e colocados na fileira de João. Observe que, ao fazer isso, a diferença entre a quantidade de cada um fica em 2.

Figura 3A – Segunda possibilidade: primeira etapa

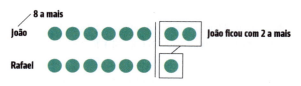

Fonte: elaborado pelo autor, 2021

A cada carrinho tirado de Rafael, a diferença dobra para João.

Figura 3B – Segunda possibilidade: segunda etapa

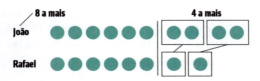

Fonte: elaborado pelo autor, 2021

Assim, será preciso tirar 4 carrinhos de Rafael para que a diferença, a maior para João, seja de 8 carrinhos.

Figura 3C – Segunda possibilidade: terceira etapa

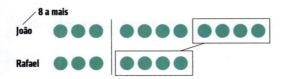

Fonte: elaborado pelo autor, 2021

João: 7 + 4 = 11   Rafael: 7 − 4 = 3   Diferença: 11 − 3 = 8.
Então, João tem 11 carrinhos e Rafael, 3.

É interessante notar que o primeiro ato costumeiro pode ser o de dividir igualmente para, em seguida, compensar a diferença. Ao fazer isso, é comum tentar retirar 8 de Rafael para entregar a João. A continuidade da resolução por esse caminho é mais complexa, porque exige que se perceba que, ao mesmo tempo que a quantidade de um aumenta, a do outro, diminui.

O caminho de retirar a diferença antes de dividir igualmente, em geral, não é a primeira escolha. Porém, conduz a um percurso de raciocínio mais imediato para a continuidade da resolução.

Vejamos outros exemplos, considerando que, para desenvolver o raciocínio lógico das e dos estudantes, é possível apresentar sequências lógicas para que se descubra o padrão e, em seguida, continuar, apresentar situações e desafios lógicos e situações-problema desafiadoras para que resolva.

Exemplo 2: sequências lógicas

Descubra um padrão ou uma regularidade e continue cada sequência.

a) 1, 8, 27, 81, 243, ___, ___, ___

b) 2, 5, 10, 17, 26, ___, ___, ___

No item b, descubra duas maneiras de continuar a sequência.

Exemplo 3: situações lógicas

Em uma classe, há 28 alunos. É certeza absoluta que, pelo menos 3, fazem aniversário num mesmo mês. Por quê?

Exemplo 4: desafios lógicos

Você tem 8 bolinhas aparentemente idênticas, mas uma delas é "mais pesada" do que as demais. Com uma balança de dois pratos, como saber qual é a "mais pesada" usando:

a) 3 pesagens?

b) Apenas 2 pesagens?

Exemplo 5: situações-problema desafiadoras

Como é possível retirar de um tanque com água exatamente 6 litros do líquido se, para medir a quantidade de água, dispomos apenas de dois recipientes, um com 4 e outro com 9 litros de capacidade?

Exemplo 6: sobre raciocínio hipotético-dedutivo

O raciocínio hipotético-dedutivo se dá quando, com base em uma hipótese, usamos dedução lógica (raciocínio lógico) e chegamos a uma conclusão. Por exemplo:

a) hipóteses: Todo número natural é um número inteiro. Todo número inteiro é um número racional. Então, por dedução lógica, todo número natural é um número racional.

Imagem 2 – Diagrama de Venn

N = conjunto dos números naturais; Z = conjunto dos números inteiros; Q = conjunto dos números racionais.

Fonte: elaborado pelo autor, 2021

b) Hipótese: um triângulo é retângulo. Então, por dedução lógica, podemos demonstrar que a soma dos quadrados das medidas dos catetos é a igual ao quadrado da medida da hipotenusa (Teorema de Pitágoras).

Imagem 3 – Teorema de Pitágoras

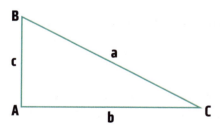

Fonte: elaborado pelo autor, 2021

> **a**: medida da hipotenusa
> **b**: medida de um cateto
> **c**: medida do outro cateto
> $b^2 + c^2 = a^2$

5.2 Letramento em Matemática: competência e habilidade de representar

Nosso primeiro enfoque é buscar na memória possíveis significados para o verbo **representar**. Como já dissemos anteriormente, uma mesma palavra, dependendo do contexto, pode ter diferentes significados. Ao procurar no dicionário, encontramos citações[4] como: "ser à imagem ou reprodução de" ou "figurar como símbolo". Anteriormente, quando buscamos aprofundar nossas considerações a respeito do verbo raciocinar, pudemos perceber a importância das representações. Afinal, só é possível acessar um objeto matemático com base em sua representação - mas, por que mesmo? Ora, um objeto matemático, diferentemente dos objetos que, via de regra, chamamos de "reais" ou "físicos", não está diretamente acessível ao nosso "olhar" e nem ao "toque". De acordo com Bonomi (2007):

> [...] diferentemente da Física, da Química ou da Biologia, nas quais os fenômenos são observáveis, na natureza ou em laboratórios, podendo ser estudados em muitas de suas ocorrências, em Matemática, os objetos existem como construções mentais e são

---

4 Fonte: Dicionário Estraviz online. Disponível em:<https://www.estraviz.org/representar>. Acesso em: 04 maio 2021.

> conhecidos por meio de suas representações. Isso significa que o ensino–aprendizagem da Matemática precisa levar em conta o par objeto–representação, uma vez que, para possibilitar a compreensão dos objetos matemáticos, é necessário trabalhar com suas representações (p. 2).

Um símbolo, uma escrita, uma notação, um gráfico, traçados e figuras são utilizados para **representar** objetos matemáticos, como um número, uma função, um ponto, um segmento de reta, um círculo etc. Por exemplo, a quantidade dois pode ser representada pelo desenho de dois dedos ou pelos símbolos II, O O e 2, dentre outros.

Ao pedir que o(a) aluno(a) observe o CEP (Código de Endereçamento Postal) de uma rua, por exemplo, 13500-190, esse conjunto de símbolos é um código que **representa** uma identificação de local.

Desde os Parâmetros Curriculares Nacionais (PCN), uma atenção especial era dada à competência e à habilidade de **saber representar**, como vemos abaixo:

> [...] comunicar-se matematicamente, ou seja, descrever, representar e apresentar resultados com precisão e argumentar sobre suas conjecturas, fazendo uso da linguagem oral e estabelecendo relações entre ela e diferentes representações (PCN, 1998, p. 48, grifo nosso).

Mais recentemente, na BNCC, essa competência e essa habilidade são bastante destacadas:

> As competências que estão diretamente associadas a **representar** pressupõem a elaboração de registros para evocar um objeto matemático. Apesar de essa ação não ser exclusiva da Matemática, uma vez que todas as áreas têm seus processos de representação, em especial nessa área é possível verificar de forma inequívoca a **importância das representações** para a compreensão de fatos, ideias e conceitos, uma vez que o acesso aos objetos matemáticos se dá por meio delas. Nesse sentido, na Matemática, o uso dos registros de representação e das diferentes linguagens é, muitas vezes, necessário para a compreensão, a resolução e a comunicação de resultados de uma atividade. Por esse motivo, espera-se que os estudantes conheçam **diversos registros de representação** e possam mobilizá-los para modelar situações diversas por meio da linguagem específica da matemática – verificando que os recursos dessa linguagem são mais apropriados e seguros na busca de soluções e respostas – e, ao mesmo tempo, promover o desenvolvimento de seu próprio raciocínio (BNCC, 2018, p. 529, grifos nossos).

Uma das competências específicas de Matemática para o ensino fundamental coloca:

> Fazer observações sistemáticas de aspectos quantitativos e qualitativos presentes nas práticas sociais e culturais, de modo a investigar, organizar, **representar** e comunicar informações relevantes, para interpretá-las

> e avaliá-las crítica e eticamente produzindo argumentos convincentes (BNCC, 2018, p. 267, grifo nosso).

Ao se referir à unidade temática probabilidade e estatística, observamos:

> [...] todos os cidadãos precisam desenvolver habilidades para coletar, organizar, representar, interpretar e analisar dados em uma variedade de contextos, de maneira a fazer julgamentos bem fundamentados e tomar decisões adequadas (BNCC, 2018, p. 274).

Ao comentar a Matemática do ensino fundamental – anos finais -, a BNCC coloca:

> Nessa fase, precisa ser destacada a importância da comunicação em **linguagem matemática** com o uso da linguagem simbólica, da **representação** e da argumentação (BNCC, 2018, p. 298, grifos nossos).

A quarta competência específica de Matemática para o ensino médio também traz explicitamente a importância da representação:

> Compreender e utilizar, com flexibilidade e precisão, **diferentes registros de representação** matemáticos (algébrico, geométrico, estatístico, computacional etc.), na busca de solução e comunicação de resultados de problemas (BNCC, 2018, p. 531, grifo nosso).

Quando o(a) aluno(a) domina diferentes representações de um mesmo objeto matemático, que poderá ser usado para resolver um problema do cotidiano ou um problema de contextos sociais diversos, seguramente está desenvolvendo uma aprendizagem significativa. Na Matemática, usamos várias representações para evocar um objeto matemático, como a expressão verbal oral, a representação numérica, as fórmulas (representação algébrica), as tabelas, os diagrama e as representações gráfica, geométrica e computacional.

Vamos exemplificar com o objeto matemático **funções**, proposto para o 9º ano do ensino fundamental. Na habilidade EF09MA06 podemos ler:

> Compreender as funções como relações de dependência unívoca entre duas variáveis e suas **representações** numérica, algébrica e gráfica e utilizar esse conceito para analisar situações que envolvam relações funcionais entre duas varáveis (BNCC, 2018, p. 317, grifo nosso).

Exemplo 7: funções

Vamos considerar uma situação do cotidiano: compra de pãezinhos na padaria. Compramos, por exemplo, 6 pãezinhos. O(a) funcionário(a) pesa-os, coloca o preço e vamos ao caixa pagar. O preço é dado **em função** do número de gramas que compramos, ou seja, o valor a pagar depende univocamente do número de gramas que se compra. Univocamente porque, a cada número de gramas que compro, há um único valor a pagar. Nesse caso, as duas varáveis são: número de gramas e preço a pagar. O preço a pagar depende do número de gramas que se compra e, portanto, ela é a variável dependente. Já o número de gramas é a variável independente.

a) Representação verbal

No caso de 1 quilograma de pãozinho francês custar 10 reais, podemos representar verbalmente essa situação assim: o preço a pagar por 1 kg de pãozinho francês é de 10 reais; por 500 gramas, de 5 reais; e por 100 gramas, de 1 real. O preço a pagar é dado em função do número de gramas que se compra.

b) Representação numérica

1 000 g ------ 10 reais;
500 g -------- 5 reais;
100 g -------- 1 real;
1 g ----------- 0,01 reais (1 centavo).

c) Representação numérica em uma tabela

Tabela 1 – Representação numérica

Número de gramas	Preço a pagar em reais
1 000	10
500	5
100	1
1	0,01

Fonte: elaborado pelo autor, 2021

d) Representação algébrica

Se *x* representa o número de gramas e *y*, o preço a pagar, essa função é dada pela expressão algébrica:

$$y = 0{,}01x$$

Dizemos que *y* é dada em função de *x* e escrevemos:

$$y = f(x) = 0{,}01x$$

e) Representação gráfica

O gráfico da função $y = 0{,}01x$ no plano cartesiano é dado por:

Gráfico 1 – Função $y = 0{,}01x$

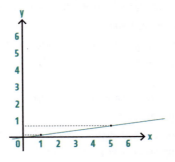

Fonte: elaborado pelo autor, 2021.

Observe que o gráfico dessa função é uma reta que passa pela origem do sistema cartesiano. Generalizando: essa função $y = 0,01x$ é do tipo $y = ax$, sendo a um número real. Ela é chamada **função linear** e serve como modelo matemático para resolver todas as situações de proporcionalidade direta, como o exemplo dos pãezinhos.

O pesquisador Raymond Duval (2004), nos traz importantes investigações a respeito das representações mentais e semióticas.

> As representações mentais recobrem o conjunto de imagens e, mais globalmente, as conceitualizações que um indivíduo pode ter sobre um objeto, sobre uma situação e sobre o que lhe é associado. As representações semióticas são produções constituídas pelo emprego de signos pertencentes a um sistema de representações que tem inconvenientes próprios de significação e de funcionamento (p. 269).

Para o autor, é importante não confundir o objeto matemático com sua representação, pois podemos correr o risco de, ao utilizar duas representações de um mesmo objeto matemático, acreditar que se tratam de dois objetos diferentes.

Segundo Duval (2004), para que se possa compreender conceitualmente um objeto matemático, é necessária a compreensão dos diferentes registros de representação desse objeto e, ainda, as relações entre tais registros. Para ele, a compreensão completa de um conceito se dá na coordenação de, pelo menos, dois registros de representação semiótica.

Para Duval (2009), um **registro** de representação semiótica deve permitir e contemplar três atividades cognitivas:

- ser identificável, ou seja, com base em suas características (propriedades e regras), ser reconhecido pelos sujeitos;
- permitir tratamento, ou seja, possibilitar transformações internas, dentro de um mesmo registro;
- permitir conversões, ou seja, possibilitar transformações de um registro para outro.

As representações algébrica, gráfica, em língua natural, tabular e figural são exemplos de registros de representação semiótica. No quadro seguinte, podemos visualizar algumas representações dos números racionais em diferentes registros de representação semiótica.

Quadro 8 – Registros de representação e números racionais

REGISTRO FIGURAL	REGISTRO SIMBÓLICO		REGISTRO NA LÍNGUA NATURAL	
CONTÍNUO	NUMÉRICO	ALGÉBRICO	Um número racional escrito na forma $\frac{a}{b}$ com a e b inteiros e $b \neq 0$ está representado por uma fração	S U B - R E G I S T R O S
[figura quadriculada] [segmento 0-1] [círculo]	Fracionário Ex: $\frac{2}{5}$	$\frac{a}{b}, b \neq 0, a, b \in Z$		
DISCRETO	Decimal exato Ex: 0,2 ou Decimal não exato Ex: 1,3	$a_0 x^n + a_1 x^{n-1} + ... + a_n x^0 + ...$	Um número racional pode ser escrito seguindo as regras e convenções do Sistema Decimal de Numeração	
[estrelas]	Potência de 10 ou Notação científica	Potência de 10 ou Notação científica		

Fonte: MARANHÃO e IGLIORI, 2003, p. 59.

Uma pessoa pode realizar uma operação envolvendo dois números racionais utilizando a representação decimal e, também, a fracionária, e não perceber e nem pensar em converter a representação decimal de um número racional em sua representação fracionária. Muitas vezes, não é capaz de efetuar tal conversão, apesar de saber adicionar números racionais, tanto utilizando representações decimais, quanto as fracionárias.

As representações decimal e fracionária constituem dois registros diferentes de representação de números racionais. Temos tratamentos diferentes em cada caso e a significação operatória não é a mesma, por conta das regras do sistema de expressão escrita.

Cada uma dessas representações tem uma significação operatória própria, mas que representam o mesmo número, por exemplo:

$$0,25 + 0,25 = 0,5$$

$$\frac{1}{4} + \frac{1}{4} = \frac{1}{2}$$

Documentos oficiais, tanto brasileiros quanto internacionais, mencionam a importância da articulação entre as Unidades Temáticas da Matemática e das diferentes representações que podem ser visualizadas, inclusive em situações do cotidiano, como podemos acompanhar na BNCC.

> No Ensino Fundamental, essa área [Matemática], por meio da articulação de seus diversos campos – Aritmética, Álgebra, Geometria, Estatística e Probabilidade –, precisa garantir que os alunos relacionem observações empíricas do mundo real a

> **representações** (tabelas, figuras e esquemas) e associem essas representações a uma atividade matemática (conceitos e propriedades), fazendo induções e conjecturas (BNCC, 2018, p. 265, grifo nosso).

A todo o momento, parece visível a importância das representações e dos diferentes registros. Porém, como vimos, não nos basta permitir a exploração de diferentes representações, sem que haja um cuidadoso olhar das proposições circundando os diferentes tratamentos em um registro de representação e, também, explorações envolvendo conversões de registros dessas representações.

É importante salientar que a conversão de registros, ou seja, passar de um registro a outro, tem como um de seus objetivos levar o(a) estudante a identificar e a selecionar o registro que, para determinada situação, pode ser mais adequado ou econômico. Outro grande objetivo que precisamos relembrar é a importância de o(a) estudante não confundir o objeto matemático com sua representação. Ao utilizar diferentes registros para compreender um mesmo objeto matemático, buscamos favorecer essa percepção.

> Para as crianças pequenas, desenvolver representações pictóricas é fundamental quando consideramos a construção tanto da linguagem materna quanto da matemática, assim como propiciar que os alunos interajam entre si para trocar impressões e opiniões sobre descobertas, procedimentos e raciocínios matemáticos (SMOLE, 2003, p. 67).

Além dos apontamentos trazidos na BNCC, podemos observar a importância do "representar" nos documentos do Pisa (2021).

> Os alunos usam representações – simbólicas, gráficas, numéricas ou geométricas – para organizar e comunicar o seu pensamento matemático. As representações podem condensar significados e processos matemáticos em algoritmos eficientes. As representações também são um elemento central da modelagem matemática, permitindo aos alunos abstrair uma formulação simplificada ou idealizada de um problema da vida real.

5.3 Letramento em Matemática: competência e habilidade de comunicar

O próximo verbo a ser explorado é o verbo **comunicar**. Ao ler essa palavra, quais associações cada um de nós, professores e professoras de Matemática, somos capazes de realizar? O que o verbo comunicar tem a ver com a aula de Matemática? Em quais momentos da aula ele está presente? Certamente, a comunicação está presente nas aulas de Matemática em diferentes momentos e com diferentes propósitos, desde a comunicação do que deverá ser realizado no decorrer da aula, até um comunicado que será encaminhado a familiares, por exemplo.

Como podemos ver, o verbo *comunicar* pode ser utilizado de diferentes formas e com diferentes objetivos em cada uma das situações nas quais o utilizamos. Durante nossa trajetória como estudantes de Matemática, o ato de comunicar esteve a cargo de qual agente dentro da sala de aula: do(a) professor(a), de estudantes ou de ambos?

Pensando na época em que éramos estudantes do ensino básico, no ato de comunicar e nos agentes da sala de aula, quando a ação de comunicar estava a cargo de professoras e professores, na sua opinião, qual deveria ser o principal objetivo por elas e eles almejado? Quando estava sob nossa responsabilidade, como, estudantes, qual seria o principal objetivo por trás da solicitação de que comunicássemos algo nas aulas de Matemática? O que éramos convidados a comunicar?

É provável que tenhamos diferentes respostas para tais questionamentos. Afinal, cada um de nós pôde experienciar as aulas de Matemática de diferentes formas e, inclusive, as interpretou de maneira muito particular. Porém, não é raro encontrar depoimentos que revelam dois pontos importantes para nossas reflexões: a comunicação a cargo da professora ou do professor e, consequentemente, o silêncio a cargo de estudantes; e o ato de comunicar voltado à transmissão de informações e, portanto, não tendo como foco a troca e o diálogo.

Como podemos ver, torna-se fundamental ressignificar o sentido da comunicação e do ato de comunicar nas aulas de Matemática. A oralidade e a socialização precisam ganhar espaço e serem reconhecidas como importantes e, muitas vezes, fundamentais para a construção dos conhecimentos matemáticos. Não se trata apenas de criar oportunidades para que alunas e alunos falem de forma espontânea, mas de planejar e proporcionar situações nas quais possam verbalizar caminhos e procedimentos que utilizaram, comentar a respeito dos procedimentos que colegas usaram, justificar as escolhas que fizeram, questionar estratégias e caminhos percorridos por colegas. Dessa forma, podemos favorecer a troca de experiências, o diálogo e a apreensão e/ou construção coletiva de definições e conceitos por meio de diferentes linguagens. Vejamos o que coloca a BNCC ao discorrer sobre o compromisso com a educação integral.

> No novo cenário mundial, reconhecer-se em seu contexto histórico e cultural, **comunicar-se**, ser criativo, analítico-crítico, participativo, aberto ao novo, colaborativo, resiliente, produtivo e responsável requer muito mais do que o acúmulo de informações (BNCC, 2018, p. 14, grifo nosso).

Dessa forma, é fundamental que o(a) estudante se comunique com colegas e professor(a), oralmente ou por escrito, para justificar porque pensou e/ou agiu daquela forma, por exemplo, na resolução de um problema ou de uma questão. Ao se comunicar, falará e ouvirá; é dessa troca de experiências que surgirá a aprendizagem significativa.

Na quarta competência específica de Matemática para o ensino fundamental, observa-se a importância que a BNCC deu para o ato de comunicar:

> Fazer observações sistemáticas de aspectos quantitativos e qualitativos presentes nas práticas sociais e culturais, de modo a investigar, organizar, representar e **comunicar**

> **informações relevantes**, para interpretá-las e avaliá-las crítica e eticamente, produzindo argumentos convincentes (BNCC, 2018, p. 267, grifo nosso).

Uma argumentação convincente em Matemática só se concretiza se o(a) estudante souber se expressar bem, comunicar-se bem matematicamente, encadeando logicamente seus pensamentos e descobertas. Comentando sobre a Matemática do ensino fundamental – anos finais, a BNCC coloca que "Nessa fase, precisa ser destacada importância da **comunicação em linguagem matemática com o uso de linguagem simbólica**, da representação e da argumentação" (BNCC, 2018, p. 298, grifo nosso).

A Matemática é considerada por muitos especialistas como uma linguagem que se utiliza de representação simbólica para exprimir conceitos e procedimentos. Há outros que a definem como um modo de pensar. De qualquer modo, é fato que ela se utiliza de símbolos e representações para se desenvolver e para que haja comunicação das ideias.

No ensino, em particular na educação básica, a introdução precoce dessa linguagem simbólica pode dificultar a compreensão dos estudantes. A passagem do intuitivo, do informal, para a notação, para a linguagem matemática, deve ser feita gradualmente, de modo que a notação simbólica não esconda a ideia original, mas, sim, clarifique-a, seja um acabamento importante dela. Ao apresentar a área de Matemática e suas Tecnologias, para o ensino médio, a BNCC destaca:

> [...] em muitas situações são também mobilizadas habilidades relativas à representação e à comunicação para expressar generalizações,

> bem como à construção de uma argumentação consistente para justificar o raciocínio utilizado (BNCC, 2018, p. 529).

E continua afirmando que:

> Após resolverem os problemas matemáticos, os estudantes precisam apresentar e justificar seus resultados, interpretar os resultados dos colegas e interagir com eles. É nesse contexto que a competência de comunicar ganha importância. Nas comunicações, os estudantes devem ser capazes de justificar suas conclusões não apenas com símbolos matemáticos e conectivos lógicos, mas também por meio de língua materna, realizando apresentações orais dos resultados e elaborando relatórios, entre outros registros (BNCC, 2018, pp. 529-530).

Numa sala de aula colaborativa, em que todas as pessoas que participam têm a possibilidade de expor suas ideias, descobertas, dúvidas; seus acertos e erros, uma boa comunicação é essencial. Saber o momento de falar e o de ouvir, de apresentar suas conjecturas e o de ouvir as das demais pessoas, de apresentar suas argumentações e o de ouvir as dos outros, é fundamental. Diferentes pontos de vista e enfoques sobre um mesmo objeto matemático torna-o mais transparente, mais significativo e, suas características, mais evidentes.

A comunicação matemática não se dá apenas por meio da simbologia matemática. Ela pode ser alcançada pelo uso da língua materna, de imagens, gestos, representações teatrais, dentre outros códigos. Por exemplo, usando a língua materna, falar sobre Matemática explicando um raciocínio, esclarecendo uma ideia, relatando o passo a passo realizado para a solução de um problema, justificando uma conjectura levantada etc., é tão importante quanto apresentar por escrito as soluções encontradas. Cabe a professoras e professores, estimular e participar dessa "conversa matemática" com estudantes. As pessoas aprendem umas com as outras ao ouvirem diferentes abordagens para um mesmo problema ou situação. Essas diferentes abordagens vão, pouco a pouco, se adaptando ou se confrontando com as ideias iniciais sobre o assunto. O produto final é uma aprendizagem mais significativa. Segundo a BNCC, dentre os saberes produzidos,

> [...] destaca-se a capacidade de comunicação e diálogo, instrumento necessário para o respeito à pluralidade cultural, social e política, bem como para o enfrentamento de circunstâncias marcadas pela tensão e pelo conflito. A lógica da palavra, da argumentação, é aquela que permite ao sujeito enfrentar os problemas e propor soluções com vistas à superação das contradições políticas, econômicas e sociais do mundo em que vivemos (BNCC, 2018, p. 398).

Na quarta competência específica de Matemática para o ensino médio, pode-se ler:

> Compreender e utilizar, com flexibilidade e precisão, diferentes registros de representação matemáticos (algébrico, geométrico, estatístico, computacional etc.), na busca de solução e **comunicação** de resultados de problemas (BNCC, 2018, p. 531, grifo nosso).

Quando estudantes dominam as diferentes representações de um mesmo objeto matemático, têm mais facilidade de **comunicar** a colegas e a docentes o que fez, como fez e por que fez. Muitas vezes, um diagrama ou um gráfico é muito mais esclarecedor do que uma grande quantidade de dados ou fórmulas algébricas.

Para grande parte de educadoras e educadores, as reflexões que acabamos de propor podem parecer desnecessárias, pois, da mesma forma que compreendemos a importância das representações para a compreensão dos objetos matemáticos e para o desenvolvimento do raciocínio matemático, temos a comunicação como elemento essencial em cada um dos processos. Porém, segundo Smole e Diniz (2001),

> [...] a predominância do silêncio, no sentido de ausência de comunicação, é ainda comum em matemática. O excesso de cálculos mecânicos, a ênfase em procedimentos e a linguagem usada para o ensino da disciplina são alguns dos fatores que tornam a comunicação pouco frequente – ou quase inexistente – nas aulas deste componente curricular (p.15).

Como podemos ver, conversar a respeito da importância e dos possíveis significados dados à comunicação nas aulas de Matemática, se torna necessário e relevante.

É importante convidar estudantes a, com base na comunicação, revisar seus pensamentos, organizá-los, compreendê-los e até reorganizá-los, se necessário. Quanto mais elas e eles aprimoram a sua comunicação, mais competente se torna a expressão do que gostariam de dizer, o esclarecimento de suas dúvidas, ou seja, o que gostariam de saber. Isso, consequentemente, favorece suas compreensões e aprendizagens, não apenas matemáticas, mas em todas as áreas do conhecimento.

É no diálogo e na socialização de conhecimentos e saberes, de caminhos percorridos e possíveis dúvidas, que estudantes podem, não apenas compreender melhor a sua própria forma de pensar, os conhecimentos que possuem e os que ainda precisam adquirir, mas, também, se aproximar dos conhecimentos e saberes de colegas, aprender e construir conhecimentos coletivos e, com base nessas ações, valorizar e respeitar a si e a outras pessoas.

Não podemos nos esquecer de que as ações que acabamos de mencionar a respeito da utilização da comunicação nas aulas de Matemática podem fornecer a educadoras e educadores preciosas informações a respeito dos conhecimentos de seus e suas estudantes, da forma como pensam, dos raciocínios utilizados e caminhos percorridos para chegar a um determinado resultado. Todo esse acervo de informações, nos permitirá pensar em estratégias que possam favorecer o avanço, não apenas individual, como também coletivo.

Acreditamos que mais um elemento deva ser inserido em nossas reflexões: a construção de um ambiente seguro, no qual a expressão seja valorizada, respeitada e acolhida. Nesse caso, o olhar para o erro deve ganhar uma lente diferenciada, não apenas do ponto de vista docente, mas também discente. É importante que se sintam à vontade para compartilhar seus saberes, suas estratégias, seus caminhos e possíveis equívocos cometidos, percebendo-os como indicadores preciosos para a construção de novas percepções e compreensões - e não como ponto de partida para possíveis punições, sátiras ou discriminações.

Quando falamos em comunicação, podemos pensar em dois elementos centrais: a oralidade e a escrita. Desde muito cedo, é importante estimular as e os estudantes a se comunicarem matematicamente, seja utilizando a oralidade ou a escrita.

A oralidade pode tornar a Matemática muito mais acessível, principalmente quando as crianças ainda não dominam os códigos da escrita. É claro que a oralidade é de grande importância em qualquer ano escolar.

Além de promover explorações que favoreçam a comunicação oral, é extremamente importante estimular a escrita, pedindo que estudantes produzam textos nas aulas de Matemática. Por exemplo, fazer uma dissertação sobre triângulos. Para algumas pessoas, estudantes e docentes, como já comentamos no início dessas nossas considerações, pode parecer estranho utilizar a produção textual, haja vista que é um recurso reconhecido e valorizado nas aulas de Língua Portuguesa e, tradicionalmente, menos habitual e valorizado nas aulas de Matemática.

Mas, por que e para que utilizar produções textuais nas aulas de Matemática? Existem diferenças cognitivas entre expressão oral e expressão escrita?

Muito mais do que propiciar a interdisciplinaridade ou as aproximações com a língua materna e as aulas de Língua Portuguesa, o ato de produzir, ler e revisar textos nas aulas de Matemática, poderá favorecer as compreensões a respeito dos conhecimentos matemáticos que se possui no momento e que necessita de registro na língua materna. De acordo com Smole e Diniz (2001, p. 31), é como se, "ao escrever, pudessem refletir sobre seu próprio pensamento, ganhando uma consciência maior sobre seus caminhos, ações e aprendizagens".

Mas, da mesma forma como pudemos ver na comunicação oral, é possível produzir textos com diferentes finalidades e objetivos e, consequentemente, utilizar habilidades e processos cognitivos distintos. Escrever um texto para registrar um discurso coletivo ou um conceito que foi construído coletivamente ou dito por educadores e educadoras, exige as mesmas habilidades que produzir um texto para explicitar caminhos percorridos individualmente para resolver um desafio matemático ou, ainda, mobilizamos os mesmos processos cognitivos durante a escrita de uma demonstração.

Vamos observar e analisar algumas atividades e pensar em possíveis inter-relações entre as abordagens que acabamos de ver e as ações promovidas em sala de aula. Antes, convidamos você a revisitar uma das competências específicas (a número 6) descrita na BNCC.

> [...] expressar suas respostas e sintetizar conclusões, utilizando diferentes registros e linguagens (gráficos, tabelas, esquemas, além de texto escrito na língua materna e outras linguagens para descrever algoritmos, como fluxogramas, e dados) (BNCC, 2018, p. 267).

Exemplo 8: conversa com Helena

> Helena está aprendendo a somar e a subtrair utilizando cálculo mental. A professora perguntou a ela:
>
> – Quanto dá 13 – 7?
>
> Veja a resposta de Helena:
>
> – Primeiro, eu tiro 3 de 13. Dá 10. Depois, tiro 4 de 10. Dá 6.
>
> Em seguida, a professora perguntou:
>
> – Quanto dá 42 – 8?
>
> Faça como Helena e registre o raciocínio e o resultado desta subtração.

Uma questão que precisa ser considerada no trabalho com cálculo mental é a necessidade de provocar a comunicação desses cálculos. Caso contrário, a possibilidade de aprendizagem e a ampliação de recursos de raciocínio baseadas nesse procedimento fica muito reduzida.

Não se espera, no entanto, que essas explicações e comunicações sejam fáceis, corretas e nem mesmo completas, de início. Esse é um aprendizado que vai se ampliando com a prática. Assim, quando se pergunta "Quanto dá 13 – 7?", a resposta pode vir de imediato: 4. Contudo, quando se pergunta "por quê?", a explicação parece ser mais difícil.

Para compreender por que Helena tira 3 e não 7, como está indicado na expressão, e depois tira mais 4, ela precisa perceber que $3 + 4 = 7$ e que, ao tirar apenas 3 na primeira etapa, fica com a segunda etapa da operação em um cálculo intermediário de tirar de 10, que provavelmente está entre os resultados incorporados como "prontos", são os fatos básicos. Depois, precisa transferir esse procedimento para o próximo cálculo proposto: 42 – 8.

Dessa forma, precisa identificar que, se tirar apenas 2, fica com 40, um valor "redondo", dezena exata. Precisa saber, também, que, se já tirou 2 e quer tirar 8, precisa tirar mais 6 e deve, então, tirar 6 de 40 para chegar a 34.

Observe que a tentativa de explicar como fez é que promove o aprendizado e que, quanto mais se explica, mais precisa e completa fica a explicação. Ou seja, a comunicação do raciocínio envolvido na resolução é de fundamental importância para o aprendizado. Mais importante do que responder "quanto dá?" é responder "como chegou a esse resultado?".

Exemplo 9: tem ou não tem?

> Explique por que é errado dizer que o número 28 tem 8 unidades.

Este exemplo exige que o(a) aluno(a) pense na composição do número 28 e identifique regras do sistema de numeração decimal, ou seja, deve compreender que o número 28 é formado por 2 dezenas e 8 unidades. Precisa, ainda, se dar conta de que 2 dezenas correspondem a 20 unidades e que, portanto, o número 28 tem 28 unidades e não apenas 8. Assim, pode argumentar que o número 28 não tem só 8 unidades, tem mais que isso, tem 28 unidades, sendo 20 delas agrupadas em dezenas.

5.4 Letramento em Matemática: competência e habilidade de argumentar matematicamente

Dentre as capacidades específicas (competência específica número 2) da Matemática para o ensino fundamental vamos encontrar:

> Desenvolver o raciocínio lógico, o espírito de investigação e a capacidade de produzir **argumentos convincentes**, recorrendo aos conhecimentos matemáticos para compreender e atuar no mundo (BNCC, 2018, p. 267, grifo nosso).

Compreender e atuar no mundo com as ferramentas matemáticas significa interpretar situações em diversos contextos, desde os cotidianos, os de outras ciências e os socioeconômicos e tecnológicos. Por exemplo, usar gráficos para compreender e interpretar a evolução do coronavírus e atuar na comunidade, com argumentos convincentes, para que esse avanço seja diminuído e/ou estancado, é usar a Matemática para convencer as pessoas da necessidade de manter os cuidados de prevenção da doença, sendo socialmente responsáveis.

Ao discorrer sobre a Matemática do ensino fundamental – anos finais -, encontramos na BNCC que "nessa fase, precisa ser destacada a importância da comunicação em linguagem matemática com o uso da linguagem simbólica, da representação e da **argumentação**" (BNCC, p. 298, grifo nosso). E continua:

> [...] nessa fase final do Ensino Fundamental, é importante iniciar os alunos, gradativamente, na compreensão, análise e avaliação da argumentação matemática. Isso envolve a leitura de textos matemáticos e o desenvolvimento do senso crítico em relação à argumentação neles utilizada (BNCC, 2018, p. 299).

Resolver um problema e justificar como chegou àquela solução com argumentações convincentes, parece ser a espinha dorsal da aprendizagem matemática. Alunas e alunos, professoras e professores deveriam dar maior atenção a essa premissa e fazer disso uma rotina em sala de aula. Dentre as competências específicas de Matemática e suas Tecnologias para o ensino médio (competência número 3), encontramos:

> Utilizar estratégias, conceitos, definições e procedimentos matemáticos para interpretar, construir modelos e resolver problemas em diversos contextos, analisando a plausibilidade dos resultados e a adequação das soluções propostas, de modo a construir **argumentação consistente** (BNCC, 2018, p. 531, grifo nosso).

Ao construir modelos matemáticos adequados a uma determinada situação e resolver problemas, necessariamente os(as) estudantes precisam usar argumentação. Diante de uma situação de proporcionalidade direta, por exemplo, litros de combustível e preço a pagar, 1 litro – 4 reais; 2 litros – 8 reais; 3 litros – 12 reais, e assim sucessivamente, o(a) estudante pode argumentar que a representação dessa situação é $P = 4L$, em que P é o preço a pagar e L é o número de litros. Pode argumentar que essa expressão é do tipo de uma função linear genérica $y = ax$, em que a é um número real qualquer. Essa função linear é o modelo matemático para as situações de proporcionalidade direta, que permite resolver qualquer problema desse tipo. Por exemplo, considerando um veículo a uma velocidade constante de 100 km/h, quantos quilômetros rodará em 3 horas? Basta usar o modelo matemático, que é a função linear, para obter a reposta de 300 km, a resposta adequada ao problema.

$$y = ax \quad \text{ou} \quad d = vx \quad \text{ou} \quad d = 100x$$

$$d = 100 \cdot 3 = 300$$

Outros exemplos de modelos matemáticos

O conjunto dos números naturais é o modelo matemático para a contagem. O conjunto dos números reais é o modelo matemático para as medidas. A função quadrática é o modelo matemático para o movimento uniformemente acelerado. A função exponencial é o modelo matemático para o crescimento de populações. As funções trigonométricas são modelos matemáticos para os fenômenos periódicos. Segundo Duval *apud* Sales e Pais (2008):

> Na matemática a presença de um problema a ser resolvido é o elemento fundamental para produzir argumentação, mas na pedagogia

> tradicional os problemas propostos estão inseridos num contexto em que a solução é exposta imediatamente pelo professor (p. 12).

Quando conversamos e refletimos sobre comunicação nas aulas de Matemática, percebemos o papel da interação social na construção dos conhecimentos matemáticos. Nesse momento, reiteramos a importância de ações que levem os alunos a utilizarem e construírem argumentos e, claro, compartilhá-los com colegas.

Mas, como já mencionamos anteriormente, também não bastaria construir argumentos e socializá-los com colegas em um ambiente onde não há espaço para o processo de negociação. Quando permitimos e estimulamos o ato de compartilhar, sustentar e negociar, os e as estudantes não apenas entram em contato com os seus próprios processos, como podem se aproximar e aprender com os de colegas desenvolvendo, gradativamente, a habilidade de argumentação.

Para concluir essa etapa, trazemos uma definição do autor Oléron (1977) *apud* Sales e Pais, que pode sintetizar algumas de nossas reflexões acerca da habilidade de argumentar matematicamente e a descrição de uma das competências específicas apresentadas na BNCC.

> A **argumentação** não é uma especulação sobre algo, uma simples descrição de um objeto ou uma narração qualquer (embora seja duvidoso que haja uma narração gratuita). É um processo que tem o objetivo claro de exercer influência sobre alguém, de produzir convencimento. É composta de justificativas, elementos de prova em favor ou contra uma tese. Portanto, há uma lógica

> nessa argumentação. Ela é produto de um raciocínio, logo, é composta por elementos racionais (p.13).

Como podemos ver, a argumentação envolve comprovação e persuasão. As dúvidas individuais são resolvidas por comprovação. Já a persuasão, é o processo de resolver as dúvidas de outrem. O processo de explicar, elaborar ou defender seu posicionamento para outras pessoas, gera compreensão e, também, aprendizagem argumentativa. Isso quer dizer que "a argumentação é considerada um processo social no qual dois ou mais indivíduos se engajam em um discurso matemático" (PI-JEN-LIN, 2018, p. 1 173).

Sendo assim, é necessário oferecer oportunidades e proporcionar situações que possibilitem aos estudantes aprender a argumentar.

> A argumentação está fortemente relacionada com a conjectura. A conjectura desencadeia a generalização, ao passo que a justificativa envolvida na argumentação testa a fidedignidade da conjectura. O conhecimento matemático resulta de um processo iterativo de conjectura, testagem, refutação, revisão, retestagem e justificativa (PI-JEN-LIN, 2018, p. 1 174).

Convidamos você a observar uma atividade que acreditamos ter potencial para nossas reflexões, envolvendo a capacidade de argumentar matematicamente.

Exemplo 10: descubra o número

> É ímpar, maior que 2 300 e menor que 2 700. O algarismo das centenas é ímpar, o algarismo das dezenas é menor que 4 e o algarismo das unidades é metade do algarismo das dezenas.

Neste exemplo, os(as) estudantes precisam ler em partes e tirar conclusões de cada uma delas. Assim, "é ímpar" significa que termina com o algarismo 1, 3, 5, 7 ou 9 na posição das unidades.

Continuando a leitura das informações, "é maior que 2 300 e menor que 2 700" significa que está na casa das unidades de milhar. Podem organizar uma grade, por exemplo, com a previsão dos algarismos para compor o número, contendo unidade de milhar (UM), centena (C), dezena (D) e unidade (U). Também já podem concluir que o algarismo da unidade de milhar é 2.

UM	C	D	U
2			

Em continuidade à leitura, temos as dicas. "O algarismo das centenas é ímpar". Então, pode ser 1, 3, 5, 7 ou 9. No entanto, precisa ser maior ou igual a 3 e menor que 7. Então, pode ser 3 ou 5.

UM	C	D	U
2	3 ou 5		

"O algarismo das dezenas é menor que 4". Assim, pode ser 3, 2, 1 ou 0.

"O algarismo das unidades é metade do algarismo das dezenas". Se o número procurado é ímpar, significa que é um número natural. Dentre as opções acima, apenas o algarismo 2 tem a metade exata. Ou seja, o algarismo das dezenas é 2 e o algarismo das unidades é 1.

UM	C	D	U
2	3 ou 5	2	1

O número é 2321 ou 2521.

Se os(as) estudantes forem incentivados(as) a explicar como fizeram para descobrir, terão o desafio de tomar consciência do raciocínio que desenvolveram. Isso permitirá que identifiquem diversas propriedades do sistema de numeração decimal e ampliem o vocabulário e a capacidade argumentativa.

5.5 Letramento em Matemática: competência e habilidade de fazer conjecturas

Na área de Matemática e suas Tecnologias para o ensino médio, a BNCC coloca:

> Após resolverem os problemas matemáticos, os estudantes precisam apresentar e **justificar seus resultados**, interpretar os resultados dos colegas e interagir com eles. [...]. Com relação à competência de **argumentar**, seu desenvolvimento pressupõe também

> a formulação e a testagem de **conjecturas**,
> com a apresentação de **justificativas** [...].
> (BNCC, 2018, pp. 529-530, grifos nossos).

Formular conjecturas e prová-las, justificando sua validade, também contribui para uma aprendizagem significativa da Matemática e faz parte do letramento em Matemática.

Exemplo 11: provando conjecturas

Ao somar dois números pares quaisquer várias vezes, o(a) estudante pode presumir: "A soma de dois números pares é **sempre** par". Isso é apenas uma conjectura levantada. Agora, com uma argumentação lógica, vamos provar a veracidade ou não dessa hipótese.

Chamando de $2m$ e $2n$, com m e n = 0, 1, 2, 3, ..., as representações de dois números pares quaisquer, vemos que $2m + 2n = 2(m + n) = 2k$, com k = 0, 1, 2, 3, ..., que é a representação de um número par. E a conjectura fica provada que é válida para quaisquer dois números pares. Para provar que uma premissa não é verdadeira, basta dar um contraexemplo da sua afirmação. Por exemplo, dada a hipótese: "A soma de dois números ímpares é sempre ímpar", para provar que ela não é verdadeira, basta dar um contraexemplo. No caso, se tomarmos os números ímpares 3 e 5, sabemos que a soma é 8 - e 8 não é ímpar. Ou seja, não é verdade que a soma de dois números ímpares **quaisquer** é **sempre** um número ímpar. Exibimos um caso em que isso não é verdade, ou seja, demos um contraexemplo.

Exemplo 12: provando teoremas

O(a) estudante recorta vários triângulos em papel cartaz. Em cada triângulo, recorta os 3 ângulos e junta-os e vai obter um ângulo de 180°. Como, para vários triângulos, percebe isso, então pode levantar uma hipótese: "A soma das medidas de aberturas dos ângulos internos de um triângulo é 180°". Isso é apenas uma conjectura, pois apenas alguns triângulos foram testados. Será que isso é verdade para **todos** os triângulos? Para saber se isso é verdade para todos os triângulos, temos que provar, demonstrar, usando argumentação lógica.

Prova

Vamos considerar conhecidos alguns fatos de Geometria e, com base neles, usando argumentação lógica, provar essa propriedade. Pensemos num triângulo ABC qualquer. Pelo ponto A, podemos traçar sempre uma única reta r paralela ao lado BC, obtendo os ângulos $\hat{x}$, $\hat{y}$ e $\hat{z}$, cujas medidas de abertura são x, y e z e tal que $x + y + z = 180°$.

Figura 4 – Soma dos ângulos internos de um triângulo

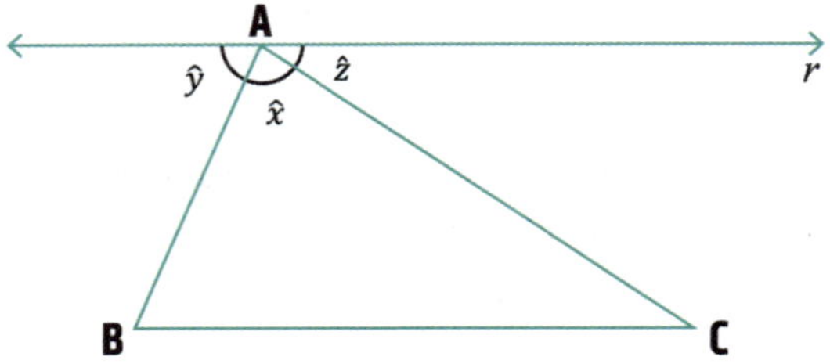

Fonte: elaborado pelo autor, 2021.

Podemos notar que:

- $x = m(\hat{A})$, ou seja, x é a medida de abertura do ângulo interno $\hat{A}$ do triângulo;
- $y = m(\hat{B})$, pois a reta r é paralela ao lado BC, AB é transversal e $\hat{y}$ e $\hat{B}$ são ângulos alternos internos e que sabemos que são congruentes.
- $z = m(\hat{C})$, pois a reta r é paralela ao lado BC, AC é transversal e $\hat{z}$ e $\hat{C}$ são ângulos alternos internos e que sabemos que são congruentes.

Se $x + y + z = 180°$, então podemos concluir que $m(\hat{A}) + m(\hat{B}) + m(\hat{C}) = 180°$.

Dessa maneira, fica provada logicamente essa propriedade dos triângulos. Assim, não se trata mais de uma simples conjectura e, sim, de um teorema da Matemática, entendendo teorema como uma verdade que pode ser demonstrada logicamente.

5.6 Letramento em Matemática: competência e habilidade de elaborar e resolver problemas

A elaboração e resolução de problemas é a essência do ensino da Matemática em todos os níveis. Ela foi criada, desenvolveu-se e ainda se desenvolve pela necessidade do ser humano de resolver problemas do cotidiano, problemas socioeconômicos, científicos, tecnológicos e das várias áreas do conhecimento.

Trabalhar esse tema em sala de aula, dedicando-se um bom tempo a ele, é fundamental. Observe o que diz a BNCC, em sua primeira competência específica de Matemática para o ensino fundamental:

> Reconhecer que a Matemática é uma ciência humana, fruto das necessidades e preocupações de diferentes culturas, em diferentes momentos históricos, e é uma ciência viva, que contribui para **solucionar problemas** científicos e tecnológicos e para alicerçar descobertas e construções, inclusive com impactos no mundo do trabalho (BNCC, 2018, p. 267, grifo nosso).

E a necessidade de se trabalhar com elaboração e resolução de problemas aparece com mais destaque em outras duas competências específicas, nesse caso, as competências nº 5 e nº 6, respectivamente.

> Utilizar processos e ferramentas matemáticas, inclusive tecnologias digitais disponíveis, para modelar e **resolver problemas** cotidianos, sociais e de outras áreas do conhecimento, validando estratégias e resultados. [...] **Enfrentar situações-problema em múltiplos contextos**, incluindo-se situações imaginadas, não diretamente relacionadas com o aspecto prático-utilitário, expressar suas respostas e sintetizar conclusões, utilizando diferentes registros e linguagens (gráficos, tabelas, esquemas, além de texto escrito na língua materna e outras linguagens para descrever algoritmos, como fluxogramas, e dados) (BNCC, 2018, p. 267 – grifos nossos).

A BNCC esclarece, ainda, o termo **elaborar** na expressão "elaborar e resolver problemas":

> Nessa enunciação está implícito que se pretende não apenas a resolução do problema, mas também que os alunos reflitam e questionem o que ocorreria se algum dado do problema fosse alterado ou se alguma condição fosse acrescida ou retirada. Nessa perspectiva, pretende-se que os alunos também formulem problemas em outros contextos (BNCC, 2018, p. 277).

Dentre as competências específicas de Matemática e suas Tecnologias (competência específica no 3) para o ensino médio, encontra-se:

> Utilizar estratégias, conceitos, definições e procedimentos matemáticos para interpretar, **construir modelos e resolver problemas em diversos contextos**, analisando a plausibilidade dos resultados e a adequação das soluções propostas, de modo a construir argumentação consistente (BNNC, 2018, p. 531, grifo nosso).

As situações-problema contextualizadas com elementos da vida real de estudantes, da escola, do bairro, da cidade, do estado, do país e do mundo, são mais significativas e motivam a busca das soluções. Com tais situações, os e as estudantes se envolvem, vêm sentido e atribuem significado àquilo que estão estudando.

Diante de uma situação-problema, é preciso ler e compreender, no sentido de identificar o que é dado e o que é perguntado. Na sequência, deve haver um planejamento sobre o que fazer, usando os dados fornecidos e o raciocínio lógico para se chegar a um resultado. Aí entram os conhecimentos prévios sobre conceitos e procedimentos já adquiridos anteriormente, para colocar a situação-problema em linguagem matemática adequada e, se possível, descobrir um modelo matemático já existente que possa resolver a situação. Em seguida, realiza-se o planejamento, executando os procedimentos e aplicando os conceitos matemáticos necessários à solução. Na sequência, verifica-se, para saber se a solução é plausível ou não em relação à situação-problema. Sendo plausível, é o momento de comunicar a colegas e docentes o que e como foi feito para se chegar a solução. Nesse momento, há trocas de experiências e os e as estudantes aprendem coletivamente, trocando informações sobre formas e procedimentos que fizeram para chegar a determinado resultado. Com base no problema resolvido, é o momento para o(a) estudante **elaborar novos problemas**, mudando os dados ou as condições do problema. **Elaborar** uma situação-problema é tão importante quanto resolvê-la.

5.7 Letramento em Matemática: competência e habilidade de reconhecer o caráter do jogo intelectual da Matemática

A BNCC enfatiza essa competência nos seguintes termos:

> [...] É também o letramento matemático que assegura aos alunos reconhecer que os conhecimentos matemáticos são fundamentais para a compreensão e atuação no mundo e perceber o caráter de jogo intelectual da matemática, como aspecto que favorece o

> desenvolvimento do raciocínio lógico e crítico, estimula a investigação e pode ser prazeroso (fruição[5]) (BNCC,2018, p. 266, grifo nosso).

Essa concepção de "jogo intelectual da matemática" é ver a Matemática baseada em demonstrações lógicas, como Euclides a elaborou, partindo de premissas sem demonstrações (postulados ou axiomas), e chegando a conclusões (teses), usando o raciocínio lógico. É o chamado **método hipotético dedutivo**. Cada proposição é deduzida logicamente de proposições ou suposições previamente comprovadas. Assim, a BNCC contempla as duas vertentes: a de que a Matemática é usada para a compreensão e a atuação no mundo, e, ao mesmo tempo, há de se considerar seu caráter lógico. Vejamos o que o eminente educador matemático brasileiro Ubiratan D'Ambrósio (1993) coloca a respeito:

> Esse pensamento intelectual grego, puro exercício intelectual e desinteressado das possíveis aplicações, serve, não obstante, para desenvolver métodos novos de pensar e estratégias a partir de modelos abstratos [...]. Com a influência babilônica e egípcia no pensamento grego, a matemática grega começa a se modificar. A uma matemática abstrata, com características de jogo intelectual, incorporam-se o empirismo e a praticidade das matemáticas babilônica e egípcia (p. 101.).

---

5   Fruição é a utilização prazerosa de algo.

Exemplo 13: uso de método hipotético dedutivo

O silogismo foi um dos primeiros exemplos de dedução lógica: "Todo homem é mortal; Sócrates é homem. Portanto, Sócrates é mortal." é um dos mais conhecidos. Há outros, como: "Todo número natural é um número racional; todo número racional é um número real. Portanto, todo número natural é um número real."

Exemplo 14: dedução de proposição

Outro exemplo do método está no uso do caso de congruência de triângulos (L. L. L.), que consideramos conhecido: "Em todo triângulo isósceles, os ângulos opostos aos lados congruentes, são também congruentes." ou "Em um triângulo isósceles, os ângulos da base são congruentes."

Figura 5 - triângulo isósceles

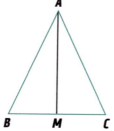

Fonte: elaborado pelo autor, 2021.

Nesse triângulo isósceles ABC, sabemos que o lado AB é congruente ao lado AC (pois o triângulo é isósceles) e queremos provar que o ângulo $\hat{B}$ é congruente ao ângulo $\hat{C}$. Para isso, vamos usar o segmento de reta AM, que liga o vértice A ao ponto médio do lado BC (ponto M), e verificar que o triângulo ABM é congruente ao triângulo ACM.

- AB é congruente a AC (dado inicial).
- BM é congruente a CM (pois M é o ponto médio de BC).
- AM é congruente a AM (segmento de reta comum aos triângulos ABM e ACM).

Como temos três lados respectivamente congruentes, pelo caso L. L. L, podemos afirmar que o triângulo ABM é congruente ao triângulo ACM. Baseados nisso, podemos concluir que $\hat{B}$ é congruente a $\hat{C}$.

Observe que, com base em proposições verdadeiras conhecidas e usando o raciocínio lógico, deduzimos outra proposição. É essa a essência do método hipotético dedutivo.

5.8 Letramento em Matemática: competência e habilidade de investigar

"Investigar é procurar metódica e conscientemente descobrir (algo), através de exame e observação minuciosos (pesquisar)." (HOUAISS e VILLAR, 2009). **Investigação** é ato ou efeito de investigar. A BNCC, na área de Matemática e suas Tecnologias do ensino médio, coloca que:

> [...] a área de Matemática e suas Tecnologias tem a responsabilidade de aproveitar todo o potencial já constituído por esses estudantes no Ensino Fundamental, para promover ações que ampliem o letramento matemático iniciado na etapa anterior. Isso significa que novos conhecimentos específicos devem estimular processos mais elaborados de reflexão e de abstração, que deem sustentação a modos de pensar que permitam aos estudantes formular e resolver problemas em diversos contextos com mais autonomia e recursos matemáticos.
>
> Para que esses propósitos se concretizem nessa área, os estudantes devem desenvolver habilidades relativas **aos processos de investigação, de construção de modelos e de resolução de problemas** (BNCC, 2018, pp. 528 - 529, grifo nosso).

Dentre as competências específicas de Matemática e suas Tecnologias para o ensino médio, a BNCC destaca:

> **Investigar** e estabelecer conjecturas a respeito de diferentes conceitos e propriedades matemáticas, empregando estratégias e recursos, como observação de padrões, experimentações e diferentes tecnologias, identificando a necessidade, ou não, de uma demonstração cada vez mais formal na validação das referidas conjecturas (BNCC, 2018, p. 531, grifo nosso).

Exemplo 15: investigação

Investigue a relação que existe entre os números da tabela. Tente identificar um padrão, uma regularidade. Escreva uma expressão algébrica que os represente. Trace um gráfico no plano cartesiano.

Tabela 2 - Investigação de padrões em uma tabela.

0	1
1	3
2	5
3	7
4	9
5	11

Fonte: elaborado pelo autor, 2021.

Há estudantes que dirão que, na primeira coluna, os números começam com o 0 e vão crescendo de 1 em 1, enquanto que, na segunda, os números começam com o 1 e vão crescendo de 2 em 2, o que está correto. É preciso estimular a descoberta sobre como obter o número da segunda coluna partindo do número correspondente na primeira coluna. É possível que algumas e alguns estudantes concluam que basta multiplicar por 2 o número da primeira coluna e somar 1 para obter o número correspondente na segunda coluna. Questione: "Se na primeira coluna estiver um número qualquer x, qual é o número que aparecerá na segunda coluna?". É possível que respondam que será 2x + 1, o que significa que houve generalização. Se chamarmos de y essa expressão, teremos:

$$y = 2x + 1$$

Esse é um caso particular da função polinomial do 1º grau:

$$y = ax + b, \text{ com } a \text{ e } b \text{ sendo números reais.}$$

Podemos também estimular os(as) estudantes a traçar, no plano cartesiano, o gráfico dessa função

$$y = 2x + 1.$$

Gráfico 2 - Função y=2x+1

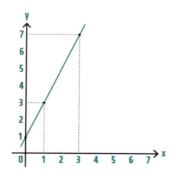

Fonte: elaborado pelo autor, 2021.

Alguns estudantes poderão observar que o gráfico é uma reta. Isso ocorre sempre com a função do tipo $y = ax + b$. A reta intersecta o eixo y no ponto $(0, b)$ e o valor de a fornece a sua inclinação.

5.9 Letramento em Matemática: competência e habilidade para compreender o papel da Matemática no mundo moderno

A BNCC nos ajuda a compreender qual é o papel da Matemática no mundo moderno quando coloca que:

> O conhecimento matemático é necessário para todos os alunos da Educação Básica, seja por sua grande aplicação na sociedade contemporânea, seja pelas suas potencialidades na formação de cidadãos críticos, cientes de suas responsabilidades sociais (BNCC, 2018, p. 265).

E mais: "[...] contribui para solucionar problemas científicos e tecnológicos e para alicerçar descobertas e construções, inclusive com impactos no mundo do trabalho" (BNCC, 2018, p. 267). A Matemática nos ajuda a fazer melhor leitura do mundo, compreendê-lo mais para poder nele atuar, colaborando com as práticas sociais e culturais na busca e organização dos seus elementos qualitativos e quantitativos, favorecendo a tomada de decisões mais precisas, éticas e socialmente responsáveis.

Nesse sentido, a Matemática procura construir modelos para resolver problemas de toda espécie: do cotidiano, socioeconômicos, de saúde, de sustentabilidade, tecnológicos e problemas de outras áreas do conhecimento. Enfim, a Matemática, com seus conceitos, procedimentos e linguagens, tem um papel fundamental no mundo moderno. Daí a importância do seu ensino, com compreensão e significado, em nossas escolas, em todos os níveis.

6 LETRAMENTO EM NÚMEROS, ÁLGEBRA, GEOMETRIA, GRANDEZAS E MEDIDAS EM PROBABILIDADE E ESTATÍSTICA

Agora veremos como o letramento em Matemática se faz presente nas diversas unidades temáticas da BNCC para o ensino fundamental: números, álgebra, geometria, grandezas e medidas e probabilidade e estatística.

6.1 Letramento em números

Uma das unidades temáticas da BNCC para o ensino fundamental é **números**. O que é proposto que se faça nessa unidade temática, buscando o letramento? Inicialmente, ela:

> [...] tem como finalidade desenvolver o pensamento numérico, que implica o conhecimento de maneiras de quantificar atributos de objetos e de julgar e interpretar argumentos baseados em quantidades (BNCC, 2018, p. 268).

No **ensino fundamental – anos iniciais**, os números a serem trabalhados são os naturais e os racionais, cuja representação decimal é finita, ou seja, as frações e os números decimais. Com os naturais, é importante o trabalho com o sistema de numeração decimal, em particular, com o princípio de posição decimal. Com os números naturais e racionais, espera-se que sejam trabalhadas as quatro operações (adição, subtração, multiplicação e divisão), enfatizando o significado e as ideias associadas a cada uma delas. Deve-se dar destaque ao cálculo mental, às estimativas, à compreensão dos algoritmos e ao uso de calculadoras, na elaboração e resolução de problemas. Importante também é mostrar para alunas e alunos que nem sempre as medições resultam em um número natural, motivando o trabalho com as frações e decimais.

No **ensino fundamental – anos finais**, recomenda-se a ampliação dos campos numéricos, dos naturais aos números reais, passando pelos números inteiros, racionais e irracionais, com suas representações na reta numerada. Comparações e operações fundamentais com esses números também são recomendadas, por meio de situações-problema reais e desafiadoras. Múltiplos, divisores e divisibilidade também são assuntos abordados nesse nível, bem como a ideia de porcentagem e cálculos dela derivados.

A BNCC também inclui nessa unidade temática o trabalho com os conceitos básicos de matemática financeira: juros, descontos, acréscimos, inflação, aplicações financeiras, rentabilidade etc. Tudo isso, explorado também em situações-problema reais, em diversos contextos.

6.2 Letramento em álgebra

Outra unidade temática da BNCC é **álgebra**. O que é proposto que se faça nesta unidade temática, buscando o letramento? Segundo a BNCC, ela tem como finalidade:

> [...] o desenvolvimento de um tipo especial de pensamento – pensamento algébrico – que é essencial para utilizar modelos matemáticos na compreensão, representação e análise de relações quantitativas de grandezas e, também, de situações de estruturas matemáticas, fazendo uso de letras e outros símbolos (BNCC, 2018, p. 270).

No **ensino fundamental – anos iniciais**, o trabalho com álgebra se resume em trabalhar com as propriedades da igualdade e regularidades (ou padrões), em sequências lógicas recursivas ou repetitivas. Recomenda-se também trabalhar uma primeira ideia intuitiva de função com problemas de proporcionalidade direta, como, por exemplo, "se com duas medidas de suco concentrado eu obtenho três litros de refresco, quantas medidas desse suco concentrado eu preciso para ter doze litros de refresco?" (BNCC, 2018, p. 270).

No **ensino fundamental – anos finais**, propõe-se que sejam trabalhadas as expressões algébricas, por exemplo, generalizando a regularidade de uma sequência: 0, 2, 4, 6, 8, 10, 12, ..., $2n$, para n assumindo os valores 0, 1, 2, 3, 4, 5, 6, ..., n.

Recomenda-se, também, que seja feita a distinção entre variável e incógnita, reservando a palavra **variável para função e incógnita, para equação**. As equações e inequações, com suas representações algébricas e geométricas, devem aparecer ao resolver problemas. Retoma-se aqui a abordagem intuitiva de função, como interdependência entre duas grandezas em variados contextos para construir modelos para a resolução de problemas em diversos contextos. Chega-se até fatorações simples e resolução de equações do tipo $ax^2 = b$. A ideia de proporcionalidade é fundamental nesse nível e deve ser explorada na resolução de problemas. Propõe-se, ainda, um relacionamento entre álgebra e pensamento computacional (algoritmos, fluxogramas), uma vez que a "linguagem algorítmica tem pontos em comum com a linguagem algébrica, sobretudo em relação ao conceito de varável" (BNCC, 2018, p. 271).

6.3 Letramento em geometria

Outra unidade temática da BNCC é a *geometria*. O que é proposto que se faça nesta unidade temática, buscando o letramento?

> [...] nessa unidade temática, estudar posição e deslocamento no espaço, formas e relações entre elementos de figuras planas e espaciais pode desenvolver o pensamento geométrico dos alunos. (BNCC, 2018, p. 271).

No **ensino fundamental – anos iniciais**, o trabalho com geometria começa com a localização e o deslocamento de objetos, usando várias representações, como mapas, croquis etc. Quanto às figuras geométricas, tridimensionais (sólidos geométricos) e bidimensionais, a busca seria por características de cada uma delas, descobrindo semelhanças e diferenças. O manuseio de figuras tridimensionais (geometria experimental ou manipulativa) e suas planificações e construções, é fundamental. O início do estudo da simetria em figuras e entre figuras, descobrindo seus eixos de simetria, também é recomendável.

No **ensino fundamental – anos finais**, a ênfase da BNCC é nas transformações geométricas (reflexão, rotação, translação) e nas ampliações e reduções de figuras. Esse é o aspecto funcional da geometria, uma vez que tais transformações são funções particulares. Entram aqui também a congruência e a semelhança de figuras (em particular, dos triângulos) e suas aplicações. O estudo dos quadriláteros e suas características mais importantes é recomendável. Nesse nível, uma introdução do raciocínio hipotético-dedutivo precisa ser feita (baseada em algumas proposições aceitas como verdadeiras, é necessário provar, usando raciocínio lógico, outras proposições). Uma aproximação da álgebra com a geometria (geometria analítica) é feita quando representamos geometricamente sistemas de equações no plano cartesiano. É importante ter uma noção do que é lugar geométrico e conhecer três deles: mediatriz de um segmento de reta, bissetriz de um ângulo e circunferência. Finalmente, é recomendável que se faça um trabalho com equivalência de áreas entre figuras planas.

6.4 Letramento em grandezas e medidas

Na BNCC, podemos ler que "as medidas quantificam grandezas do mundo físico e são fundamentais para a compreensão da realidade" (BNCC, 2018, p. 273). Esse é um tema que favorece a integração da Matemática com outras áreas do conhecimento, além de promover a integração de unidades temáticas como álgebra e geometria, servindo de ponte entre elas. No **ensino fundamental – anos iniciais**, "a expectativa é que os alunos reconheçam que medir é comparar uma grandeza com uma unidade e expressar o resultado da comparação por meio de um número" (Ibdem).

Por exemplo, ao comparar o comprimento de uma mesa com a unidade de comprimento de um palmo, dizemos que <u>a medida do comprimento da mesa é de **15 palmos**, um número (15) seguido da unidade (palmo)</u>.

Por meio de situações-problema, é indicado explorar grandezas comprimento, massa, tempo, temperatura, área (de regiões triangulares e retangulares), capacidade e volume (de sólidos formados por blocos retangulares), sem uso de fórmulas.

No **ensino fundamental – anos finais**, recomenda-se o estudo de grandezas geométricas, tais como comprimento, área, volume e abertura de ângulo. Também é indicado o trabalho com outras grandezas, tais como densidade, velocidade, energia e potência. Aqui, sim, o uso de fórmulas é adequado para cálculo de áreas de regiões planas com formas de quadriláteros, triângulos e círculos, bem como para o cálculo de volumes de prismas e cilindros. Nesse nível, recomenda-se, ainda, o trabalho com medidas de capacidade de armazenamento de computadores tais como *byte, quilobyte, megabyte, gigabyte* etc.

6.5 Letramento em probabilidade e estatística

Uma importante unidade temática da BNCC é a **probabilidade e estatística**, figurando agora desde os anos iniciais do ensino fundamental. O que é proposto que se faça nesta unidade temática, buscando o letramento? É aqui que são estudados o tratamento de dados e a incerteza.

> Ela propõe a abordagem de conceitos, fatos e procedimentos presentes em muitas situações-problema da vida cotidiana, das ciências e da tecnologia. Assim, todos os cidadãos precisam desenvolver habilidades para coletar, organizar, representar, interpretar e analisar dados em uma variedade de contextos [...] (BNCC, 2018, p. 274).

No **ensino fundamental – anos iniciais**, incerteza diz respeito às ideias de chance e probabilidade. Por exemplo, se você coloca 3 bolinhas vermelhas e 2 azuis num saquinho, à vista da criança, fecha o saquinho, chacoalha e pergunta para ela: "Ao retirar uma bolinha, qual delas tem mais chance de sair, vermelha ou azul?". Ela responderá: "vermelha". Você pergunta: "Por quê?". Ela responderá: "Porque tem mais". Você pode, em seguida, querer medir essa chance. **A medida da chance chama-se probabilidade, que é um número que varia de 0 a 1.**

Você pergunta: "Qual é o total de bolinhas que há no saquinho?". Ela responde: "5". E você pergunta: "Quantas são as vermelhas mesmo?". Ela responde: "3". "E quantas são as azuis?", e ela responde: "2". Então, vamos medir a chance de sair vermelha. A chance de sair vermelha é 3 em 5, ou seja, ⅗. Essa é a probabilidade de sair bolinha vermelha ao retirar uma bolinha do saquinho aleatoriamente (sem ver e/ou escolher). Retirar uma bolinha vermelha é um **evento provável**. A probabilidade é sempre um número que varia de 0 a 1. Se você perguntasse: "Qual é a chance de retirar uma bola preta?". A resposta poderia ser: "Nenhuma, é impossível, é de 0 em 5, que é **zero**". Este evento é chamado de **evento impossível, cuja probabilidade é zero**. Agora, se você colocasse 5 bolinhas vermelhas num saquinho e perguntasse: "Qual é a chance de sair vermelha?", a criança responderia: "É certeza que sairá vermelha, a chance é de 5 em 5 ou ⅘, que é **igual a 1**". Este é chamado um **evento certo, cuja probabilidade é 1**. Pergunta-se então: "Qual é a probabilidade de retirar uma bolina azul desse mesmo saquinho? É um evento provável, impossível ou certo?"

A estatística traz, na BNCC, uma abordagem de pesquisa e se ocupa da coleta e tratamento de dados, da colocação dos dados em tabelas, da elaboração de gráficos de vários tipos baseados nas tabelas, da interpretação de gráficos e da tomada de decisões com base nos gráficos.

No **ensino fundamental – anos finais**, o que se indica é trabalhar com a enumeração dos elementos dos espaços amostrais, fazer simulações e calcular a probabilidade teórica (número de casos favoráveis sobre número de casos possíveis). Quanto às noções de estatística, recomenda-se que os(as) estudantes planejem e elaborem relatórios de pesquisas, se aprofundem na coleta e na organização de dados, no traçado de gráficos diversos e suas interpretações e nas medidas de tendência central (média, mediana e moda), além das primeiras noções sobre amostragem.

7 O PAPEL DE PROFESSORAS E PROFESSORES NO AMBIENTE DE LETRAMENTO EM MATEMÁTICA

Nas conversas com nossos pares, educadoras e educadores, sempre aparecem reflexões, dúvidas e, muitas vezes, angústias extremamente importantes e que permitem revisar, não apenas nossa trajetória profissional e pessoal, como perceber muitas de nossas conquistas e fragilidades. Mais importante do que simplesmente entrar em contato com essas lembranças, é aprender com elas e com base nelas, o que exige abertura e preparação.

Diante disso, trazemos para a nossa reflexão um item que julgamos determinante para os processos de ensino e de aprendizagem: a "postura" e o "papel" de educadoras e educadores diante do letramento matemático. Vamos pensar um pouco a respeito? Segundo Smole (2020):

> Dessa valorização do letramento [matemático] decorre a primeira implicação para o ensino que você vai desenvolver em suas aulas, ainda que a Base não aborde metodologia. De fato, se há um desejo de que os alunos resolvam problemas, argumentem, aprendam a ler, escrever e falar Matemática, a aula deve ser pautada por atividades desafiadoras, problematizadoras e que favoreçam

> o trabalho em grupo, a articulação de pontos de vista e, também, ações de leitura e representação de pensamentos e conclusões.

Para o pesquisador Guy Brousseau, o(a) professor(a) realiza o trabalho inverso ao de cientistas e matemáticos. Segundo ele, primeiramente o(a) docente realiza uma recontextualização do saber, buscando situações que deem sentido aos conhecimentos que vai ensinar. Depois, promove a redespersonalização e redescontextualização do saber produzido por estudantes no processo de resolução da primeira situação contextualizada. Assim, na contextualização, o(a) estudante produz conhecimento e, na redescontextualização, reconhece um conhecimento e o seu caráter universal, um conhecimento cultural reutilizável.

> Essas duas partes do trabalho do professor podem parecer contraditórias à primeira vista. "fazer viver o conhecimento, fazê-lo ser produzido por parte dos alunos como resposta razoável a uma situação familiar e, ainda, transformar essa 'resposta razoável' em um 'fato cognitivo extraordinário', identificado, reconhecido a partir do exterior" [...]. Muitas vezes, o professor tem a tentação de pular etapas nesse processo e ensina diretamente o saber como objeto cultural. Nesse caso, impede que o aluno realize o trabalho cognitivo necessário para que o conhecimento faça sentido para ele. Deve-se considerar a aprendizagem como uma modificação do conhecimento que o aluno deve produzir por si mesmo e que o professor só deve provocar [...]. O trabalho do professor consiste, então, em propor ao aluno uma situação de aprendizagem para que ele elabore seus conhecimentos como resposta pessoal a uma pergunta, e os faça

> funcional ou os modifique como resposta às exigências do meio e não a um desejo do professor (BROUSSEAU, 1996, p. 49).

O(a) docente acompanha o processo de construção do conhecimento do(a) aluno(a), fazendo intervenções e provocações para que mantenha interesse no problema e se sinta confiante de que conseguirá encontrar uma solução. Muitas vezes, nesse percurso, o(a) estudante faz tentativas e lança hipóteses que, embora sejam importantes para a sua compreensão, levam a um caminho sem saída ou mais difícil. Nesse caso, nós, professoras e professores, devemos colaborar, com novas intervenções, fazendo perguntas apropriadas, sugerindo novas hipóteses, acompanhando o raciocínio, para conduzir a outras possibilidades de raciocínio e resolução.

Mas, como manter o interesse e a confiança de estudantes? Certamente não é um questionamento simples de ser respondido, mas podemos pensar em alguns pontos coletivamente. Quem é essa ou esse estudante? De qual "época" e sociedade (contexto sócio-histórico) estamos falando? Sim, porque nossas e nossos estudantes, assim como nós, docentes, somos sujeitos históricos, que afetamos e somos afetados pela sociedade e pelas instituições das quais fazemos parte.

Além desses questionamentos, podemos pensar em outros. O que permite a mobilização de conhecimentos? Quais conhecimentos matemáticos buscamos ensinar e mobilizar? Como "atingir" interesses individuais dos estudantes?

Trazemos para essas nossas reflexões alguns apontamentos sistematizados pelo pesquisador Shulman (2015), que, há várias décadas, busca investigar os distintos corpos de conhecimento necessários para ensinar. Em suas pesquisas, Shulman chama atenção para o Conhecimento Pedagógico do Conteúdo (CPC). Segundo o autor,

> [...] ele representa a combinação do conteúdo e pedagogia, no entendimento de como tópicos específicos, problemas ou questões são organizados, representados e adaptados para os diversos interesses e aptidões dos alunos, e apresentados no processo educacional em sala de aula (p. 207).

Essas reflexões estão no cerne da discussão de inúmeros pesquisadores, ao tratar da formação de professores. Você já ouviu falar em Referenciais Profissionais Docentes ou Matriz de Competências ou Padrões Profissionais? Atualmente, há um movimento intenso no campo da educação que busca investigar a profissionalização de professoras e professores e, também, refletir acerca da valorização do *status* da profissão docente.

Inúmeras vezes, falamos sobre as ações que podemos promover na sala de aula para favorecer o desenvolvimento de diferentes competências em estudantes, ou seja, queremos muito que sejam capazes de... Mas, quais competências são almejadas para nós, como docentes que ensinamos Matemática? Você conhece as competências gerais docentes, descritas na Base Nacional Comum (BNC) - Formação Continuada? Vamos a elas.

Quadro 9 – Competências gerais docentes

COMPETÊNCIAS GERAIS DOCENTES
1. Compreender e utilizar os conhecimentos historicamente construídos para poder ensinar a realidade com engajamento na aprendizagem do estudante e na sua própria aprendizagem, colaborando para a construção de uma sociedade livre, justa, democrática e inclusiva.
2. Pesquisar, investigar, refletir, realizar a análise crítica, usar a criatividade e buscar soluções tecnológicas para selecionar, organizar e planejar práticas pedagógicas desafiadoras, coerentes e significativas.
3. Valorizar e incentivar as diversas manifestações artísticas e culturais, tanto locais quanto mundiais, e a participação em práticas diversificadas da produção artístico-cultural para que o estudante possa ampliar seu repertório cultural.
4. Utilizar diferentes linguagens – verbal, corporal, visual, sonora e digital – para se expressar e fazer com que o estudante amplie seu modelo de expressão ao partilhar informações, experiências, ideias e sentimentos em diferentes contextos, produzindo sentidos que levem ao entendimento mútuo.
5. Compreender, utilizar e criar tecnologias digitais de informação e comunicação de forma crítica, significativa, reflexiva e ética nas diversas práticas docentes, como recurso pedagógico e como ferramenta de formação, para comunicar, acessar e disseminar informações, produzir conhecimentos, resolver problemas e potencializar as aprendizagens.

Continuação

COMPETÊNCIAS GERAIS DOCENTES
6. Valorizar a formação permanente para o exercício profissional, buscar atualização na sua área e afins, apropriar-se de novos conhecimentos e experiências que lhe possibilitem aperfeiçoamento profissional e eficácia e fazer escolhas alinhadas ao exercício da cidadania, ao seu projeto de vida, com liberdade, autonomia, consciência crítica e responsabilidade.
7. Desenvolver argumentos com base em fatos, dados e informações científicas para formular, negociar e defender ideias, pontos de vista e decisões comuns, que respeitem e promovam os direitos humanos, a consciência socioambiental, o consumo responsável em âmbito local, regional e global, com posicionamento ético em relação ao cuidado de si mesmo, dos outros e do planeta.
8. Conhecer-se, apreciar-se e cuidar de sua saúde física e emocional, compreendendo-se na diversidade humana, reconhecendo suas emoções e as dos outros, com autocrítica e capacidade para lidar com elas, desenvolver o autoconhecimento e o autocuidado nos estudantes.
9. Exercitar a empatia, o diálogo, a resolução de conflitos e a cooperação, fazendo-se respeitar e promovendo o respeito ao outro e aos direitos humanos, com acolhimento e valorização da diversidade de indivíduos e de grupos sociais, seus saberes, identidades, culturas e potencialidades, sem preconceitos de qualquer natureza, para promover ambiente colaborativo nos locais de aprendizagem.

Continuação

COMPETÊNCIAS GERAIS DOCENTES
10. Agir e incentivar, pessoal e coletivamente, com autonomia, responsabilidade, flexibilidade, resiliência, a abertura a diferentes opiniões e concepções pedagógicas, tomando decisões com base em princípios éticos, democráticos, inclusivos, sustentáveis e solidários, para que o ambiente de aprendizagem possa refletir esses valores.

Fonte: BNCC – Formação Continuada (2020, p. 8).

Conhece e já refletiu sobre as competências específicas não relacionadas à área de Matemática, mas relacionadas à profissão docente?

Quadro 10 – Competências específicas

DIMENSÕES	CONHECIMENTO PROFISSIONAL	PRÁTICA PROFISSIONAL		ENGAJAMENTO PROFISSIONAL
		PRÁTICA PROFISSIONAL-PEDAGÓGICA	PRÁTICA PROFISSIONAL-INSTITUCIONAL	
SÍNTESE	Aquisição de conhecimentos específicos de sua área, do ambiente institucional e sociocultural e de autoconhecimento	Prática profissional referente aos aspectos didáticos e pedagógicos	Prática profissional referente a cultura organizacional das instituições de ensino e do contexto sócio cultural em que está inserido	Comprometimento com a profissão docente assumindo o pleno exercício de suas atribuições e responsabilidades

Continuação

DIMENSÕES	CONHECIMENTO PROFISSIONAL	PRÁTICA PROFISSIONAL		ENGAJAMENTO PROFISSIONAL
		PRÁTICA PROFISSIONAL-PEDAGÓGICA	PRÁTICA PROFISSIONAL-INSTITUCIONAL	
	\multicolumn{4}{c}{Área do Conhecimento e de Conteúdo Curricular}			
COMPETÊNCIAS 1	1.1 Dominar os conteúdos das disciplinas ou áreas de conhecimento em que atua e conhecer sobre a sua lógica curricular	2a.1 Planejar e desenvolver sequências didáticas, recursos e ambientes pedagógicos, de forma a garantir aprendizagem efetiva de todos os alunos	2b.1 Planejar e otimizar a infraestrutura institucional, o currículo e os recursos de ensino-aprendizagem disponíveis	3.1 Fortalecer e comprometer-se com uma cultura de altas expectativas acadêmicas, de sucesso e de eficácia escolar para todos os alunos
	\multicolumn{4}{c}{Área Didática-Pedagógica}			
COMPETÊNCIAS 2	1.2 Conhecer como planejar o ensino, sabendo como selecionar estratégias, definir objetivos e aplicar avaliações	2a.2 Planejar o ensino, elaborando estratégias, objetivos e avaliações, de forma a garantir a aprendizagem efetiva dos alunos	2b.2 Incentivar a colaboração profissional e interpessoal com o objetivo de materializar objetivamente o direito à educação de todos os alunos	3.2 Demonstrar altas expectativas sobre as possibilidades de aprendizagem e desenvolvimento de todos os alunos procurando sempre se aprimorar por meio da investigação e do compartilhamento

Continuação

DIMENSÕES	CONHECIMENTO PROFISSIONAL	PRÁTICA PROFISSIONAL		ENGAJAMENTO PROFISSIONAL
		PRÁTICA PROFISSIONAL-PEDAGÓGICA	PRÁTICA PROFISSIONAL-INSTITUCIONAL	
	Área de Ensino e Aprendizagem para todos os Alunos			
COMPETÊNCIAS 3	1.3 Conhecer sobre os alunos, suas características e como elas afetam o aprendizado, valendo-se de evidências científicas	2a.3 Viabilizar estratégias de ensino que considerem as características do desenvolvimento e da idade dos alunos e assim, contribuam para uma aprendizagem eficaz	2b.3 Apoiar a avaliação e a alocação de alunos em instituições educacionais, turmas e equipes, dimensionando as necessidades e interagindo com as redes locais de proteção social	3.3 Interagir com alunos, suas famílias e comunidades, como base para construir laços de pertencimento, engajamento acadêmico e colaboração mútua
	Área sobre o Ambiente Institucional e o Contexto Sociocultural			
COMPETÊNCIAS 4	1.4 Conhecer o ambiente institucional e sociocultural do contexto de atuação profissional	2a.4 Utilizar ferramentas pedagógicas que facilitem uma adequada mediação entre os conteúdos, os alunos e as particularidades culturais e sociais dos respectivos contextos de aprendizagem	2b.4 Contribuir para o desenvolvimento da administração geral do ensino, tendo como base as necessidades dos alunos e do contexto institucional, e considerando a legislação e a política regional	3.4 Atuar profissionalmente no seu ambiente institucional, observando e respeitando normas e costumes vigentes em cada contexto e comprometendo-se com as políticas educacionais

Continuação

DIMENSÕES	CONHECIMENTO PROFISSIONAL	PRÁTICA PROFISSIONAL		ENGAJAMENTO PROFISSIONAL
		PRÁTICA PROFISSIONAL--PEDAGÓGICA	PRÁTICA PROFISSIONAL--INSTITUCIONAL	
	Área sobre o Desenvolvimento e Responsabilidades Profissionais			
COMPETÊNCIAS 5	1.5 Autoconhecer-se para estruturar o desenvolvimento pessoal e profissional	2a.5 Instituir prática de autoavaliação, à luz da aprendizagem de seus alunos, a fim de conscientizar-se de suas próprias necessidades de desenvolvimento profissional	2b.5 Planejar seu desenvolvimento pessoal e sua formação continuada, servindo-se dos sistemas de apoio ao trabalho docente	3.5 Investir no aprendizado constante, atento à sua saúde física e mental, e disposto a ampliar sua cultura geral e seus conhecimentos específicos

Fonte: BNCC – Formação Continuada (2020, pp. 8-10).

O que podemos refletir e aprender com base na análise dessas competências? Será que é possível traçar alguns percursos para que possamos nos tornar mais competentes como educadoras e educadores? Enfim, sabemos que se trata de uma permanente e incessante busca, que pode favorecer, não apenas as e os estudantes, como nós!

Apesar da crescente discussão sobre a formação docente e algumas divergências na forma de pensar, há unanimidade quando falamos nas limitações existentes na formação inicial e a importância da formação em serviço ou formação continuada. A cooperação e a troca aparecem como elementos primordiais, não apenas entre docentes de uma mesma escola. É necessário, portanto, promover:

> [...] o intercâmbio e a cooperação horizontal entre diferentes escolas, redes escolares, instituições e sistemas de ensino, promovendo assim o fortalecimento do regime de colaboração, mediante, entre outros, o modelo de Arranjos de Desenvolvimento da Educação (ADE), em conformidade com o § 7º do artigo 7º da Lei no 13.005/2014, que aprovou o Plano Nacional de Educação (PNE) (BNC Formação Continuada, 2020, p. 5).

REFLEXÕES FINAIS

Como podemos ver, nós, docentes, e nossas redes, desempenhamos um papel fundamental em todos os processos, papel esse que ultrapassa a apresentação de conceitos e procedimentos e permeia os inúmeros caminhos percorridos, tanto por estudantes quanto por educadoras, educadores, pesquisadoras e pesquisadores acadêmicos. O conhecimento amplo e profundo acerca do que se pretende ensinar, o olhar atento e investigativo e o acompanhamento permanente das diferentes formas de pensar e raciocinar de estudantes, o acompanhamento e as reflexões sobre pesquisas e legislações educacionais, são alguns dos saberes imprescindíveis a docentes comprometidos que buscam letrar suas e seus estudantes.

Esperamos que essas nossas considerações possam promover aprofundamentos e reflexões acerca do letramento matemático e que elas se transformem em preciosas ações e transformações na sala de aula, ações essas que sejam capazes de despertar, em nossas e nossos estudantes, o interesse pelo rico e valoroso universo da Matemática.

REFERÊNCIAS

ALISEDA, A. Mathematical reasoning vs. abductive reasoning: a structural approach. **Synthese**, v. 134, pp. 25-44, 2003.

BECKER, R.; RIVERA, F. Generalization strategies of beginning high school algebra students. In: H. CHICK, H.; VINCENT, J. (Eds.) **Proceedings of the 29th Conference of the International Group for the Psychology of Mathematics Education**. Melbourne: PME, 2005. v. 4, pp. 121-128.

BONOMI, M. C. Matemática: objetos e representações. In: **Seminários de Estudo em Epistemologia e Didática** (SEED). Faculdade de Educação/USP, 2007.

BRASIL. Ministério da Educação. **Base Nacional Comum Curricular:** Educação é a base. Brasília, 2018. Disponível em: <http://basenacionalcomum.mec.gov.br/images/BNCC_EI_EF_110518_versaofinal_site.pdf>. Acesso em: 12 mar. 2021.

_____. Ministério da Educação. **Base Curricular Comum**: Formação Continuada. Brasília, 2020. Disponível em: <https://observatorio.movimentopelabase.org.br/analise-a-bnc-de-formacao-de-professores/?gclid=CjwKCAjwoZWHBhBgEiwAiMN66RUNIPsbtR4G5vkV2VBGbV_eezKO5g8OcLmRRTUbs_IrU8IFMFXkYBoCnMgQAvD_BwE>. Acesso em: 07 jul. 2021.

_____. Ministério da Educação; Secretaria de Educação Básica; Secretaria de Educação Continuada, Alfabetização, Diversidade e Inclusão; Secretaria de Educação Profissional e Tecnológica. Conselho Nacional de Educação; Câmara de Educação Básica. **Diretrizes Curriculares Nacionais da Educação Básica**. Brasília: MEC; SEB; DICEI, 2013. Disponível em: <http://portal.mec.gov.br/index.php?option=com_docman&view=download&alias=13448-diretrizes-curriculares-nacionais-2013-pdf&Itemid=30192>. Acesso em: 12 mar. 2021.

_____. Ministério da Educação. Base Nacional Comum para a Formação Continuada de Professores da Educação Básica (BNC-Formação Continuada). **Resolução** CNE/CP n. 1, de 20 de outubro de 2020. Brasília, 2020. Disponível em: <http://portal.mec.gov.br/docman/outubro-2020-pdf/164841-rcp001-20/file>. Acesso em: 12 mar. 2021.

_____. **Parecer** CNE/CP n. 14, de 10 de julho de 2020 . Brasília, 2020. Disponível em: <http://portal.mec.gov.br/index.php?option=com_docman&view=download&alias=153571-pcp014-20&category_slug=agosto-2020-pdf&Itemid=30192>. Acesso em: 12 dez. 2020.

_____. Secretaria de Educação Básica. **Parâmetros Curriculares Nacionais**: Matemática. Brasília: MEC, 1998. Disponível em: <http://portal.mec.gov.br/conaes-comissao-nacional-de-avaliacao-da-educacao-superior/195-secretarias-112877938/seb-educacao-basica-2007048997/12598-publicacoes-sp-265002211>. Acesso em: 12 mar. 2021.

_____. Inep. **Matriz de Avaliação de Matemática** – PISA 2012. Disponível em: <https://download.inep.gov.br/acoes_internacionais/pisa/marcos_referenciais/2013/matriz_avaliacao_matematica.pdf>. Acesso em: 12 mar. 2021.

BROUSSEAU, G. Os diferentes papéis do professor. In: PARRA, C et al. **Didática da Matemática**: reflexões pedagógicas. Porto Alegre: Artes Médicas, 1996.

BROUSSEAU, G.; Gibel, P. Didactical Handling of Students' Reasoning Processes. In: Problem Solving Situations. **Educ Stud Math** 59, 13-58, 2005.

DAMM, R. F. Registros de Representação. In: **Educação Matemática**: uma introdução, pp. 135-154. São Paulo: Educa, 1999.

D'AMBRÓSIO, U. A transdisciplinaridade como acesso a uma história holística. In: **Rumo à Nova Transdisciplinaridade**. São Paulo: Summus Editorial, 1993.

_____. A relevância do projeto Indicador Nacional de Alfabetismo Funcional – INAF – como critério de avaliação de qualidade do ensino de matemática. In: FONSECA, Maria da Conceição F. R. (Org.) **Letramento no Brasil**. São Paulo: Global; Ação Educativa Assessoria, Pesquisa e Informação: Instituto Paulo Montenegro, 2004.

DENARDI, V. B.; BISOGNIN, E. Resolução de Problemas e Representações Semióticas na Formação Inicial de Professores de Matemática. **Remat**, 17, 2020. Disponível em <http://www.revistasbemsp.com.br/index.php/REMat-SP/article/view/272>, acesso em: 12 mar. 2021.

DUVAL, R. Registros de representações semióticas e funcionamento cognitivo da compreensão em Matemática. *In*: Machado, S. D. A. (Org.) **Aprendizagem em Matemática**. p. 11-33. Campinas, SP: Papirus, 2003.

_____. **Semiosis y pensamiento humano**: registros semióticos y aprendizajes intelectuales. Santiago de Cali, Colombia: Universidad del Vale, Instituto de Educación y Pedagogía, 2004.

_____. **Semiósis e pensamento humano**: registros semióticos e aprendizagens intelectuais. Tradução de Lênio Fernandes Levy e Marisa Rosâni Abreu da Silveira. São Paulo: Livraria da Física, 2009.

FONSECA, Maria da Conceição F. R. (Org.). **Letramento no Brasil**: habilidades matemáticas: reflexões a partir do INAF 2002. São Paulo: Global; Ação Educativa Assessoria, Pesquisa e Informação: Instituto Paulo Montenegro, 2004.

_____. A educação matemática e a ampliação das demandas de leitura e escrita da população brasileira. In: FONSECA, Maria da Conceição Ferreira Reis (Org.) **Letramento no Brasil**: habilidades matemáticas: reflexões a partir do INAF 2002. São Paulo: Global; Ação Educativa Assessoria, Pesquisa e Informação: Instituto Paulo Montenegro, 2004.

_____. Numeramento. In: **Glossário Ceale**: termos de alfabetização, leitura e escrita para educadores. S/d. Disponível em: <http://ceale.fae.ufmg.br/app/webroot/glossarioceale/verbetes/numeramento>. Acesso em: 12 mar. 2021.

_____. Conceito(s) de numeramento e relações com o letramento. In: LOPES, C. E.; NACARATO, A. (Orgs.) **Educação matemática, leitura e escrita**: armadilhas, utopias e realidade. Campinas, SP: Mercado das Letras, 2009. pp. 47-60.

REFERÊNCIAS

FUNDAÇÃO TELEFONICA VIVO. **BNCC**: você sabe a diferença entre competências e habilidades?. Disponível em: <https://fundacaotelefonicavivo.org.br/noticias/bncc-voce-sabe-a-diferenca-entre-competencias-e-habilidades/>. Acesso em: 06 jul. 2021.

HOUAISS, J.; VILLAR, M. S. **Dicionário Houaiss da Língua Portuguesa**. Rio de Janeiro: Objetiva, 2009.

KLEIMAN, Angela B. Modelos de letramento e as práticas de alfabetização na escola. In: KLEIMAN, Angela B. (Org.) **Os significados do letramento**: uma nova perspectiva sobre a prática social da escrita. Campinas, SP: Mercado de Letras, 1995.

LANNIN, J.; ELLIS, A. B.; ELLIOT, R. **Developing essential understanding of mathematics reasoning for teaching mathematics in prekindergarten-grade 8**. Reston, VA: National Council of Teachers of Mathematics, 2011.

LEITE, S. A. S.; VALLIM, A. M. C. O desenvolvimento de texto dissertativo em crianças da 4ª série. **Cadernos de pesquisa – Fundação Carlos Chagas**, nº 109, p. 173-200, 2000.

LERNER, D.; SADOVSKY, P. O sistema de numeração decimal – um problema didático. In: PARRA, C.; SAIZ, I. (Org.) **Didática da Matemática**. Porto Alegre: Artmed, 1996.

LIMA, Elon Lages. **Matemática e ensino**. Rio de Janeiro: SBM, 2001.

LIN, Pi-Jen. O Desenvolvimento da Argumentação Matemática por Estudantes de uma Turma do Ensino Fundamental. **Educação e realidade**. Porto Alegre, v. 43, n. 3, p. 1171-1192, set. 2018. Disponível em: <http://www.scielo.br/scielo.php?script=sci_arttext&pid=S2175-62362018000301171&lng=pt&nrm=iso>. Acesso em: 12 mar. 2021.

MARANHÃO, M. C. S. A; IGLIORI, S. B. C. Registros de representação e números racionais. In: MACHADO, S. D. A. (Org.) **Aprendizagem em matemática**: registros de representação semiótica. Campinas, SP: Papirus, 2003.

MATA-PEREIRA, J.; PONTE, J. P. **Raciocínio matemático em contexto algébrico**: uma análise com alunos do 9o ano. Póvoa do Varzim, Portugal: Atas do EIEM – Encontro de Investigação em Educação Matemática, 2011. pp. 347–364.

____. Desenvolvendo o raciocínio matemático: generalização e justificação no estudo das inequações. **Boletim GEPEM**, 62, 17-31, 2013.

MORETTI, Méricles T. O Papel dos Registros de Representação na Aprendizagem de Matemática. **Contrapontos**, ano 2, n. 6, p. 343-362. Itajaí, SC: Ed. da Univali, 2002.

NEITZEL, Odair; SCHWENGBER, Ivan Luís. Os conceitos de capacidade, habilidade e competência e a BNCC. **Revista Educação e Emancipação**, Maranhão, v. 12, n. 2, p. 210-227, maio/ago. 2019. Disponível em: <http://www.periodicoseletronicos.ufma.br/index.php/reducacaoemancipacao/article/view/11488>. Acesso em: 12 mar. 2021.

NTCM. **Focus in high school mathematics**: reasoning and sense making. Reston, VA: NTCM, 2009.

OECDiLibrary. PISA 2019. **Assessment and Analytical Framework**: Mathematics, Reading, Science, Problem Solving and Financial Literacy, OECD Publishing. Disponível em: <https://www.oecd-ilibrary.org/education/pisa-2018-results-volume-vi_d5f68679-en>. Acesso em: 12 mar. 2021.

OLÉRON, Pierre. **Le raisonnement**. Paris: Presses Universitaires de France, 1977.

PISA, 2021. Disponível em: <https://pisa2021-maths.oecd.org/pt/index.html>. Acesso em: 25 de maio de 2021.

PÓLYA, G. **Mathematics and plausible reasoning** (ed. original 1954), v. 1 e 2. Princeton, NJ: Princeton University Press, 1990.

RADFORD, L. Gestures, speech, and the sprouting of signs: a semiotic-cultural approach to students' types of generalization. **Mathematical Thinking and Learning**, v. 5, p. 37-70, 2003.

RIVERA, F.; BECKER, J. Algebraic reasoning through patterns. **Mathematics Teaching in the Middle School**, v. 15, p. 213-221, 2009.

SALES, A.; PAIS, L. C. A argumentação em matemática no guia de livros didáticos. In: **XII Encontro Brasileiro de Pesquisa em Educação Matemática** (EBRAPEM), 12, 2008, Rio Claro, SP. Anais: Rio Claro, Unesp, 2008. Disponível em: <http://www2.rc.unesp.br/eventos/matematica/ebrapem2008/upload/106-1-A-gt11_sales_ta.pdf>. Acesso em: 12 mar. 2021.

SHULMAN, Lee. Conhecimento e ensino: fundamentos para a nova reforma. **Cadernos Cenpec**, São Paulo, v. 4, n. 2, p. 196-229, jun. 2015.

SMOLE, Kátia C. S.; DINIZ, Maria Ignez (Orgs.). **Ler e aprender matemática**. Porto Alegre: Artmed, 2001.

SMOLE, Kátia Cristina Stocco. **A Matemática na Educação Infantil**: a teoria das inteligências múltiplas na prática escolar. Porto Alegre: Artmed, 2003.

____. **A BNCC de Matemática nos anos iniciais**. MATHEMA, 2020. Disponível em: <https://mathema.com.br/artigos/a-bncc-e-o-ensino-de-matematica-nos-anos-iniciais/>. Acesso em: 12 mar. 2021.

SOARES, M. B. As muitas facetas da alfabetização. Faculdade de Educação da Universidade Federal de Minas Gerais, **Cadernos de Pesquisa**, São Paulo (52): 19-24, fev. 1985.

____. **Letramento**: um tema em três gêneros. Belo Horizonte: Autêntica, 1998.

____. Letramento e alfabetização: as muitas facetas. Universidade Federal de Minas Gerais, Centro de Alfabetização, Leitura e Escrita. **Revista Brasileira de Educação**. jan./fev./mar./abr., 2004, n. 25, p. 5-17.

____. **Alfabetização** – a questão dos métodos. São Paulo: Contexto, 2018.

____. Alfabetização e letramento: caminhos e descaminhos. **Revista Pátio**, n. 29, 2004. Disponível em: <https://acervodigital.unesp.br/bitstream/123456789/40142/1/01d16t07.pdf>. Acesso em: 12 mar. 2021.

TOLEDO, Maria Elena Roman de Oliveira. Numeramento e escolarização: o papel da escola no enfrentamento das demandas matemáticas cotidianas. In: FONSECA, Maria da Conceição Ferreira Reis (Org.) **Letramento no Brasil**: habilidades matemáticas: reflexões a partir do INAF 2002. São Paulo: Global; Ação Educativa Assessoria, Pesquisa e Informação: Instituto Paulo Montenegro, 2004.

Central de Atendimento
E-mail: atendimento@editoradobrasil.com.br
Telefone: 0300 770 1055

Redes Sociais
facebook.com/editoradobrasil
▶ youtube.com/editoradobrasil
instagram.com/editoradobrasil_oficial
twitter.com/editoradobrasil

Acompanhe também o Podcast Arco43!

Acesse em:

www.editoradobrasil.podbean.com

ou buscando por Arco43 no seu agregador ou player de áudio

🅂 Spotify   ·ılı· Google Podcasts   🄿 Apple Podcasts

www.editoradobrasil.com.br